LE VÊTEMENT FÉMININ
MODÉLISME
COUPE À PLAT

Dominique Pellen

法国女装结构与纸样设计 ③
西 装

[法] 多米尼克·佩朗　著

王俊　贺姗　译

东华大学出版社

·上海·

图书在版编目（CIP）数据

法国女装结构与纸样设计.③, 西装 / (法)多米尼克·佩朗著；王俊，贺姗译. —
上海：东华大学出版社, 2021.9
ISBN 978-7-5669-1933-5

Ⅰ. ①法… Ⅱ. ①多… ②王… ③贺… Ⅲ. ①女服－西服－服装结构－结构设
计②女服－西服－纸样设计 Ⅳ. ①TS941.717

中国版本图书馆CIP数据核字(2021)第130077号

责任编辑：徐建红
书籍设计：东华时尚

出　　　版：东华大学出版社（地址：上海市延安西路1882号　邮编：200051）
本 社 网 址：dhupress.dhu.edu.cn
天猫旗舰店：http://dhdx.tmall.com
销 售 中 心：021-62193056　62373056　62379558
印　　　刷：上海盛通时代印刷有限公司
开　　　本：889mm×1194mm　1/16
印　　　张：13.25
字　　　数：460千字
版　　　次：2021年9月第1版
印　　　次：2021年9月第1次
书　　　号：ISBN 978-7-5669-1933-5
定　　　价：99.80元

目 录

1 **西装衣身** 1

2 **西装衣领** 103

3 **西装衣袖** 183

1
西装衣身

西装衣身基础样板参数

绘制西装衣身基础样板需要以下参数:

1. 身高168cm

2. 衣长70cm

3. 垫肩厚度 1.25cm

4. 胸围87cm

5. 腰围67cm

6. 臀围94cm(腰围下20cm)

7. 前颈侧点至腰围线44cm

8. 前颈侧点至胸围线27cm

9. 乳间距19cm(胸高点之间)

10. 领宽14cm

11. 前中长37cm(领围线至腰围线)

12. 小肩宽12.5cm

13. 外肩点至胸高点24cm

14. 前胸宽32cm

15. 侧缝长19cm(袖窿底至腰围线)

16. 后中长41.5cm(领围线至腰围线)

17. 后颈侧点至腰围线43cm

18. 外肩点至腰围线39.5cm

19. 后背宽35cm

纽扣直径以2.5cm为例。

这个西装衣身基础样板适用于梭织面料。为了保证活动时的舒适性,需要在以上参数基础上加放尺寸,可以参照以下放松量:

- 胸围:+8cm

- 腰围:+10cm

- 臀围:+8cm

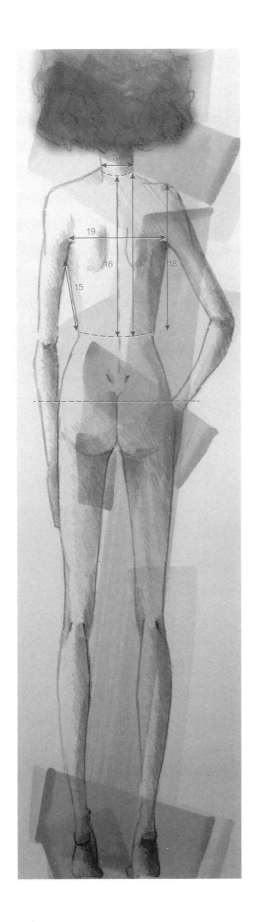
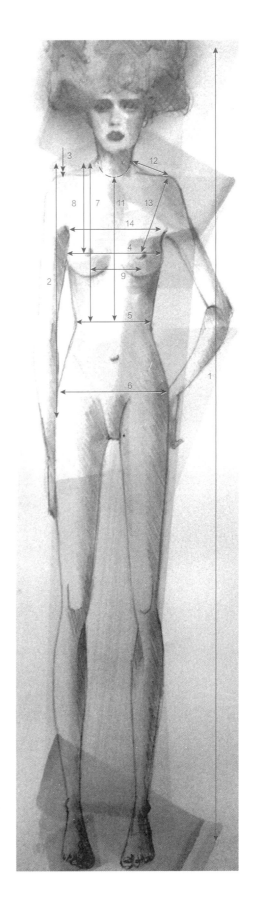

三片式合体西装
（西装衣身基础样板）

这款三片式（前片、后片和侧片）合体西装的衣身样板非常重要，经常被用作其他款式合体西装衣身制板的基础样板，在本系列书中也称西装衣身基础样板或西装基础样板，。

这款样板需要根据人体参数确定长方形基础框架的尺寸。

长方形基础框架的长度设定为70cm，西装下摆位于臀围线以下。

西装衣身基础样板的胸围等于87cm的人体净胸围，加8cm的放松量，再另加5cm以便弥补收腰时去除的省量，即：(87+8)+5=100cm，取其一半尺寸绘制样板，即长方形的宽度=100/2=50cm。

后　　　　　　　　前

款式图

图1

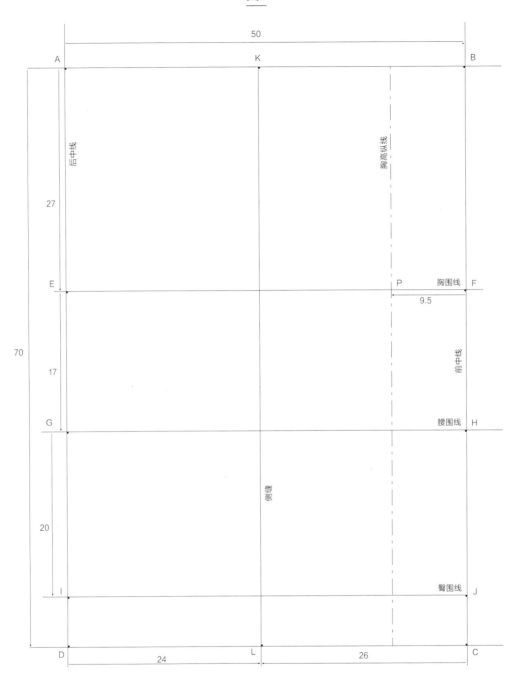

图1

图1

1. 绘制一个50cm×70cm的长方形基础框架（ABCD）。

从A点向下27cm，绘制一条连接前中线与后中线的水平线（EF），将其作为胸围线。

2. 从胸围线（E点）向下17cm，绘制另一条水平线，即腰围线（GH）。再从腰围线（G点）向下20cm绘制水平线，将其作为臀围线（IJ）。

等分长方形的宽度，即50/2=25cm，并调整前后片尺寸：

– 前片：25+1=26cm

– 后片：25-1=24cm

从A点向右，在水平线AB上取24cm，标记为K点，后片宽度即AK=24cm，前片宽度即KB=26cm。再从K点向下绘制一条垂直线（即侧缝），与底边CD相交于L点。

3. 确定胸高纵线。本例中，乳间距为19cm。由于绘制的是半身样板，因此从前中线F点，沿胸围线向左取1/2乳间距，即19/2=9.5cm，标记为P点（胸高点）。

可从后片开始绘制样板。

后片制板

图2

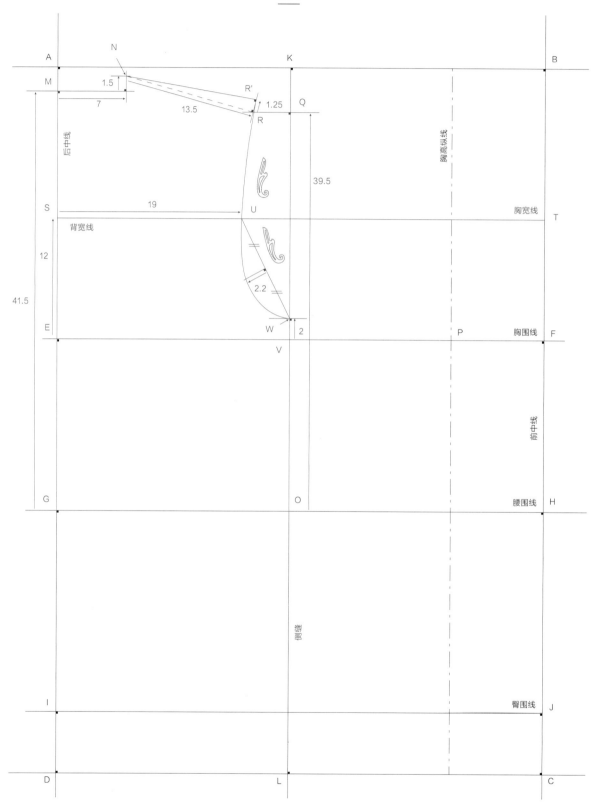

图2

1. 从腰围线G点沿后中线向上取41.5cm, 标记为M点, 这个尺寸对应基础样板的后中长。

自M点向右绘制一条垂直于后中线的横线, 并在其上取半领宽7cm。*基础样板的半领宽为6cm。本例中, 领宽需要从12cm增加到14cm, 即半领宽为14/2=7cm。*

确定半领宽后, 再垂直向上取1.5cm, 标记为颈侧点 (N点), 对应基础样板的颈侧点至腰围线之间的距离, 即43cm。

2. 绘制后片肩斜线。本例中, 从腰围线的O点向上, 在侧缝上取外肩点至腰围线之间的距离, 即39.5cm, 标记为Q点, 过该点绘制一条垂直于后中线的横线。

短上衣基础样板的小肩宽为12.5cm (后片需增加1cm的后肩吃势, 也可以改为肩胛省), 半领宽为6cm。

本例中, 半领宽为7cm, 这说明基础样板的小肩宽需从12.5cm减少至11.5cm, 再加上1cm的后肩吃势。另外, 由于外套款式的肩部需要比基础短上衣稍微宽一些, 小肩宽还需增加1cm。

因此, 后片小肩宽为: 12.5-1+1+1=13.5cm。

自颈侧点N点取13.5cm, 向Q点处的横线绘制一条斜线, 与横线相交于R点, 即NR=13.5cm。

3. 如需放置垫肩, 则需要预留垫肩厚度。本例中, 自外肩点 (R点) 向上, 沿自然肩斜线的垂直方向取1.25cm, 得到R'点, 如图所示。用直线连接N点和R'点。

4. 绘制背 (胸) 宽线。从胸围线 (EF) 向上12cm, 经过后中线到前中线, 绘制一条水平线 (ST), 以便设置后背宽。

根据基础样板参数, 人体后背宽为35cm, 取其1/2, 即35/2=17.5cm。作为一件较为宽松的外套, 这款西装应有足够的放松量。因此需要在1/2后背宽基础上增加1.5cm放松量, 即17.5+1.5=19cm。

从后中线 (S点) 向右, 在背宽线上取19cm, 标记为腋点 (U点)。

5. 从胸围线上的V点, 沿侧缝向上2cm, 标记为袖窿底部 (W点)。

短上衣基础样板的袖窿底部与胸围线之间的距离为4cm, 对外套而言, 需要增加其袖窿深度。本例中, 将袖窿底部降低2cm。

胸围放松量为8cm, 半身样板则取其1/4, 即8/4=2cm。本例中, 半胸宽增加的放松量与袖窿底部的降低量相同 (均为2cm)。

可以根据款式需求, 微调样板的袖窿深度。

袖窿深度应该取决于衣身的整体尺寸。实际上, 为了避免影响身体和手臂的活动, 衣服越窄, 其袖窿底部位置就越高, 袖山高也应该越短 (成正比)。

如果希望衣身非常合体, 但是袖窿又要比较深, 那么就必须增加衣袖的尺寸, 以方便手臂的活动。

相反, 如果想要袖窿较深的窄袖, 那么衣身就必须很宽松, 以方便手臂的活动。

6. 绘制后片袖窿。用直线连接腋点U点和袖窿底部W点, 在连线的中点处向下绘制一条长2.2cm的垂线。

从外肩点R'点向垫肩斜线下方作垂线, 然后借助曲线板 (曲线板放置方向如图所示) 绘制后片袖窿弧线, 以便在袖窿弧线上确定开缝的起始位置, 分离后片和侧片。

图3

1. 开缝起始位置（X点）位于袖窿弧线上，从2.2cm垂线标记点向上2cm处。

从X点向下绘制一条垂直线，直至与腰围线相交于Y点。在腰围线上，在垂直线两边取相应尺寸：

- 左边：1cm（Y'点）为后片开缝位置。
- 右边：1.5cm（Y"点）为侧片开缝位置。

找出Y'Y"点间的中点，标记为Z点，以便继续绘制腰围线下方的线条。

从Z点向下绘制一条垂直线，直至与底边相交于Aa点。

在Aa点的两边各取0.4cm，分别标记为：

- 左边：Aa'点，侧片位置。
- 右边：Aa"点，后片位置。

这个0.4cm的尺寸是通过计算得出的数据，可以确保在样板绘制完成后，臀围部位保持均衡。

从Aa'点和Aa"点分别向上绘制底边（CD）的垂直线，直至与臀围线相交。接着，借助曲线板绘制曲线，分别连接后片的Aa"点和Y'点、侧片的Aa'点和Y"点，使两条曲线与底边上的两条垂直线在臀围线处相切，曲线板放置方向如图所示。

2. 在后中线上设置一个省道。在腰围线上，从G点向内收1cm，标记为G'点。从S点向下，取ES的1/3长度，即12/3=4cm，确定省尖位置。ES对应背宽线与胸围线之间的距离。

用直线连接省尖与G'点、G'点与D点。D点是基础框架的底边和左边线的交点。

3. 设置腰省，使前后片保持均衡。

在腰围线上预留10cm的放松量，形成弧度不太明显的收腰造型。

净腰围为67cm，增加放松量，即67+10=77cm。取半腰围绘制半身样板，即77/2=38.5cm。

取1/2半腰围设置前后片，即38.5/2=19.25cm。

不要忘记调整前后片尺寸：

- 前片腰围：19.25+1=20.25cm
- 后片腰围：19.25-1=18.25cm

为了实现后片的理想宽度，需要在后片上添加一个腰省。

按以下方法计算省量：

长方形基础框架的后片宽度为24cm，需减去后中线处1cm的省量、后片与侧片之间隐含的2.5cm的省量，以及后片理想腰围18.25cm，即后片腰省量=24-（1+2.5）-18.25=2.25cm。

确定腰省位置。在腰围线上，取G'Y'的中点以设置省道中心线，然后在中心线两侧各取一半省量，即2.25/2=1.125cm。

将省道中心线延伸至腰围线以下12cm。取胸围线和背宽线之间的一半距离，即12/2=6cm，计算出腰省的省尖位置。用直线绘制省道的四条边线。

完成前片样板绘制后，再绘制侧片样板。

图3

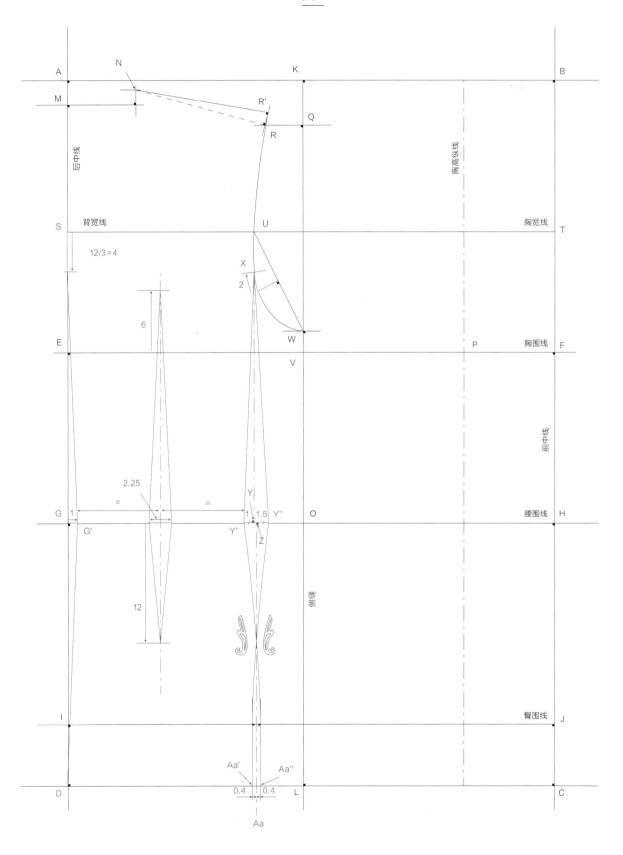

前片制板

图4

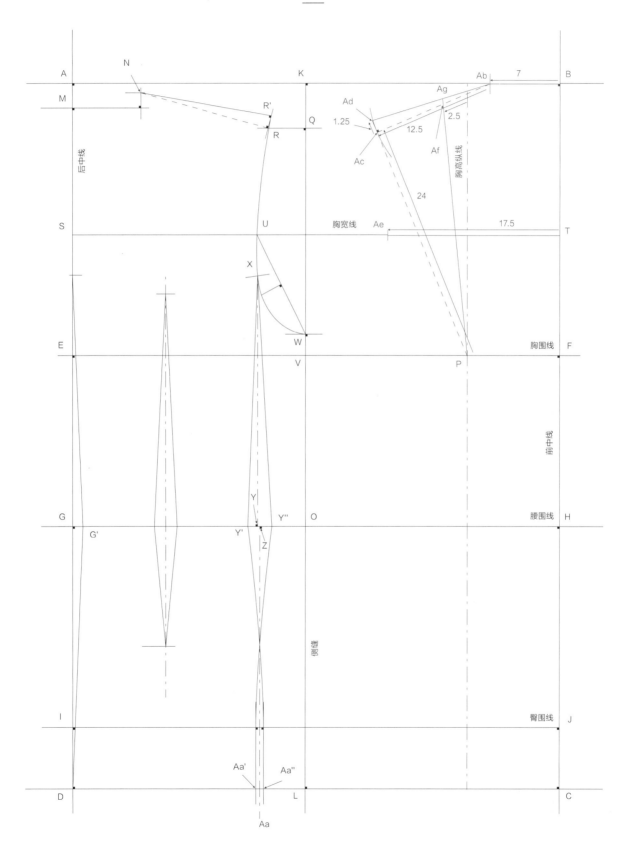

图4

1. 同后片一样，设置前片半领宽为7cm，由此得到颈侧点（Ab点）。*为了避免西装变形，前后片领宽应保持一致。*

2. 计算前片小肩宽。

胸高点（P点）至外肩点的长度为24cm，小肩宽为12.5cm（前片没有吃势量，因此比后片短1cm）。

按照之前的计算方法：如果半领宽为7cm，则基础样板的小肩宽需减少至11.5cm。由于外套款式的肩部比基础短上衣稍宽，小肩宽需要增加1cm。

因此，前片小肩宽为：(12.5-1)+1=12.5cm。

3. 借助圆规，以颈侧点（Ab点）为圆心，以小肩宽（12.5cm）为半径画圆弧。接着，从胸高点向上取24cm，与圆弧相交于Ac点，对应外肩点。

这个24cm是外肩点至胸高点之间的距离。

和后片一样，需要预留垫肩厚度。自外肩点Ac点向上，沿自然肩斜线的垂直方向取1.25cm，得到Ad点，用直线连接Ad点和Ab点。

4. 和后片一样，在胸宽线上设置腋点。1/2前胸宽为32/2=16cm，同样增加1.5cm的放松量，即16+1.5=17.5cm。自前中线（T点）向左，在胸宽线上取17.5cm，标记为腋点（Ae点）。

接下来绘制肩省，形成胸部造型。

在胸高纵线左侧，沿自然肩斜线向下取2.5cm（Af点），设置肩省的第一省边。*在自然肩斜线上设置这个省量，是因为垫肩斜线的位置有时很难确定下来。*

用直线连接胸高点P点和Af点，并延伸至垫肩斜线上，得到Ag点。

可通过以下公式计算肩省量：

1/8半胸围+1cm，即（87/2）/8+1=6.44cm。

图5

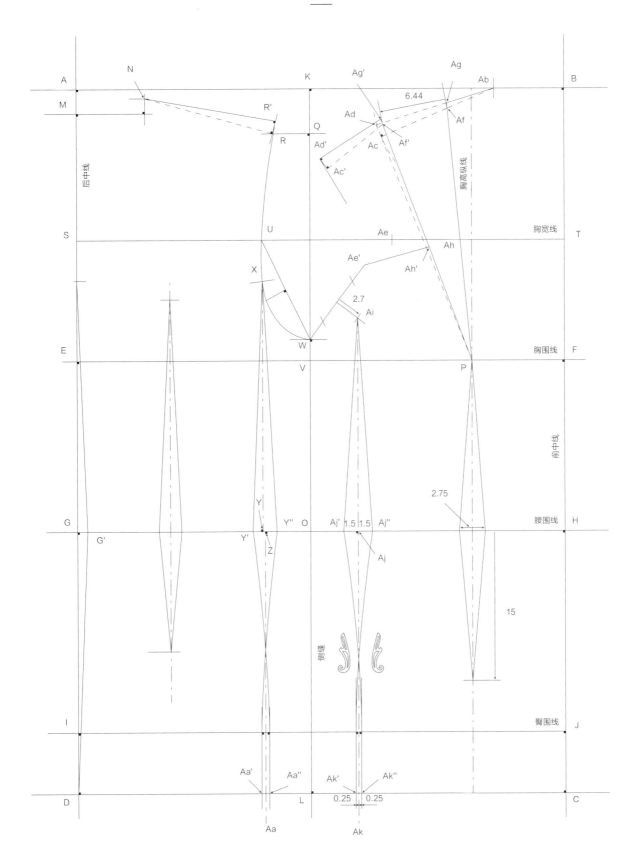

图5

1. 借助透明描图纸（图5b）拓描以下线条：

– 肩省第一省边（PAfAg）。

– 肩省第一省边左侧的自然肩斜线（AfAc）和垫肩斜线（AgAd）。

– 肩省第一省边左侧的胸宽线（AhAe）。

2. 将透明描图纸置于绘图纸上，使透明描图纸上的P点和绘图纸上的P点重合。然后，以P点为圆心向左侧旋转透明描图纸，设置肩省的省量。

肩省量是设置在自然肩斜线上的。将Af点向左侧旋转6.44cm，得到Af'点。

将透明描图纸上的标记点拓描至绘图纸上，得到Ah'点、Af'点、Ag'点、Ad'点、Ac'点、Ae'点，然后重新将纸样绘制完整。

3. 用直线连接移动过的腋点（Ae'点）和袖窿底部（W点），在连线的中点处向下绘制一条长2.7cm的垂直线，标记为Ai点。

从Ai点向下绘制一条垂直线，直至与底边相交于Ak点，且与腰围线相交于Aj点。

在腰围线上，在垂直线的两边各取1.5cm：

– 左边：1.5cm（Aj'点）为侧片开缝位置。

– 右边：1.5cm（Aj''点）为前片开缝位置。

在Ak点的两边各取0.25cm，分别标记为：

– 左边：Ak'点，前片位置。

– 右边：Ak''点，侧片位置。

从Ak'点和Ak''点分别向上绘制底边（CD）的垂直线，直至与臀围线相交。接着，借助曲线板绘制曲线，分别连接侧片的Ak''点和Aj'点、前片的Ak'点和Aj''点，使两条曲线与底边上的两条垂直线在臀围线处相切，曲线板放置方向如图所示。

4. 和后片一样，根据前片理想腰围确定前片的腰省量。

前片腰围：19.25+1=20.25cm（注意：38.5/2=19.25cm）。

按以下方法计算省量：

长方形基础框架的前片宽度为26cm，需减去前片与侧片间隐含的3cm省量，以及前片理想腰围20.25cm，即

前片腰省量=26−（3+20.25）=2.75cm。

在腰围线上，在省道中心线（胸高纵线）两侧各取一半省量，即2.75/2=1.375cm。

将省道中心线延伸至腰围线以下15cm。腰省的省尖就位于胸高点P点处。用直线绘制省道的四条边线。

不要忘记，在服装的实际制作中，省尖不宜设置在P点。因此，必须移动省尖，使其略微偏离P点位置。

图5b

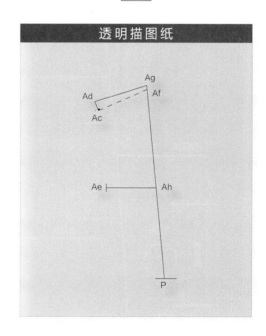

透明描图纸

图6

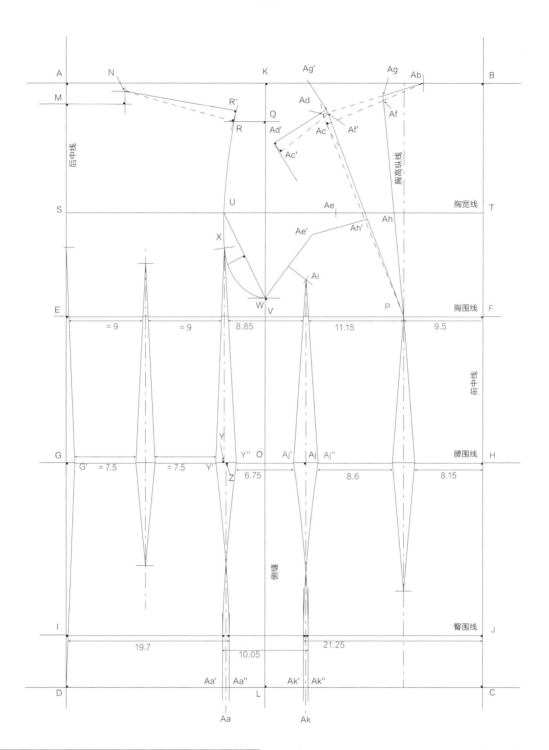

图6

检查胸围、腰围和臀围。由后中线到前中线测量各部位尺寸如下：

– 半胸围=9+9+8.85+11.15+9.5=47.5cm，即总胸围为95cm。基础胸围为87cm，因此，放松量=95-87=8cm。

– 半腰围=7.5+7.5+6.75+8.6+8.15=38.5cm，即总腰围为77cm。基础腰围为67cm，因此，放松量=77-67=10cm。

– 半臀围=19.7+10.05+21.25=51cm，即总臀围为102cm。基础臀围为94cm，因此，放松量=102-94=8cm。

由此可知，这个西装衣身基础样板保持了总体放松量。

如果要使这款西装衣身更合体或更宽松，必须调整基础样板的腰省量，且前后片应保持均衡。也可以根据设计需要，调整样板的臀围。

图7

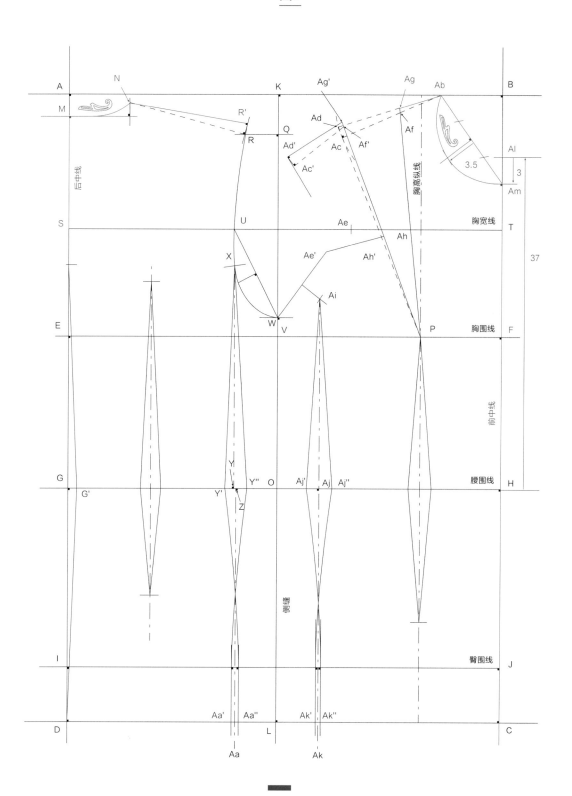

图7

1. 在前中线上设置前领深。从腰围线（H点）沿前中线向上取37cm，标记为Al点，本例中，从Al点向下取3cm，标记为Am点。连接颈侧点（Ab点）和前领深点（Am点），从连线的中点向下绘制一条长3.5cm的垂直线，如图所示，使领围线产生凹势。

2. 为了准确绘制领围线,可以借助透明描图纸,在前片和后片上绘制一条连贯而圆顺的弧线。

借助透明描图纸(图7b)拓描前中线直至前领深点(FAm)、3.5cm垂直线标记以及前片颈侧点至肩省第一省边的垫肩斜线(AbAg)。

将透明描图纸移至绘图纸上的后片肩部,使前片颈侧点(Ab点)与后片颈侧点(N点)重合,且前、后片垫肩斜线重合。然后从后领深点开始拓描后中线(MS)。

分别在后中线M点和前中线Am点绘制直角,然后借助曲线板绘制领围线。绘制完成后,依次将前领围线和后领围线拓描至绘图纸上,重新将纸样绘制完整。

图7b

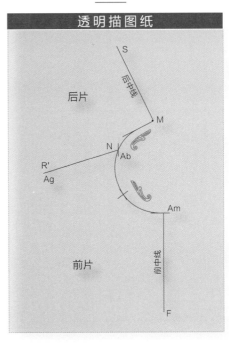

图8b

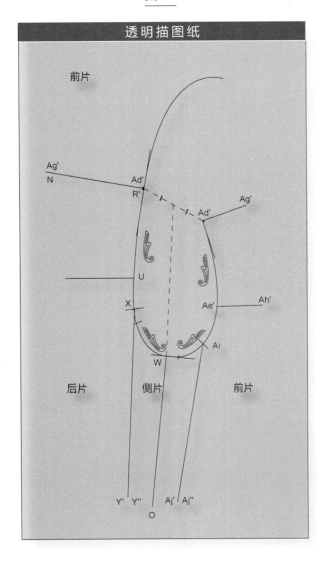

图8

1. 之前为了确定分离后片和侧片的开缝起始位置,已经在后片上绘制了袖窿弧线。

现在开缝已经设置好且隐含腰省,因此有必要检查后片袖窿弧线,看看是否需要调整。

2. 另取一张透明描图纸(图8b)拓描后片垫肩斜线(NR')、背宽线直至后片腋点(U点)以及后片开缝(XY')。

以X点为圆心,旋转闭合开缝,使后片开缝(XY')与侧片后开缝(XY")重合,然后继续拓描2.2cm垂直线的袖窿弧线下凹处、侧缝直至袖窿底部(WO)以及侧片前开缝(AiAj')。

以Ai点为圆心,旋转闭合开缝,使侧片前开缝(AiAj')与前片开缝(AiAj")重合,然后继续拓描胸宽线直至前片腋点(Ae'Ah')以及前片垫肩斜线(Ad'Ag')。

分别在R'点和Ad'点绘制直角,再从袖窿底部W点向侧缝右侧绘制一条长1.5cm的垂直线,然后借助曲线板绘制袖窿弧线。

3. X点可能稍稍偏移。本例中,新的X'点位于X点下方。

4. 绘制完前片袖窿弧线后,不要忘记通过拼拢前后片垫肩斜线(将NR'与Ad'Ag'对齐),检查前后袖窿弧线上部是否连贯与圆顺。*这条线对于准确拼装车缝袖子很重要。*

用锥子标记袖窿弧线并拓描至绘图纸上,不要忘记以后片X点和前片Ai点为圆心旋转透明描图纸,打开之前闭合的开缝。

图8

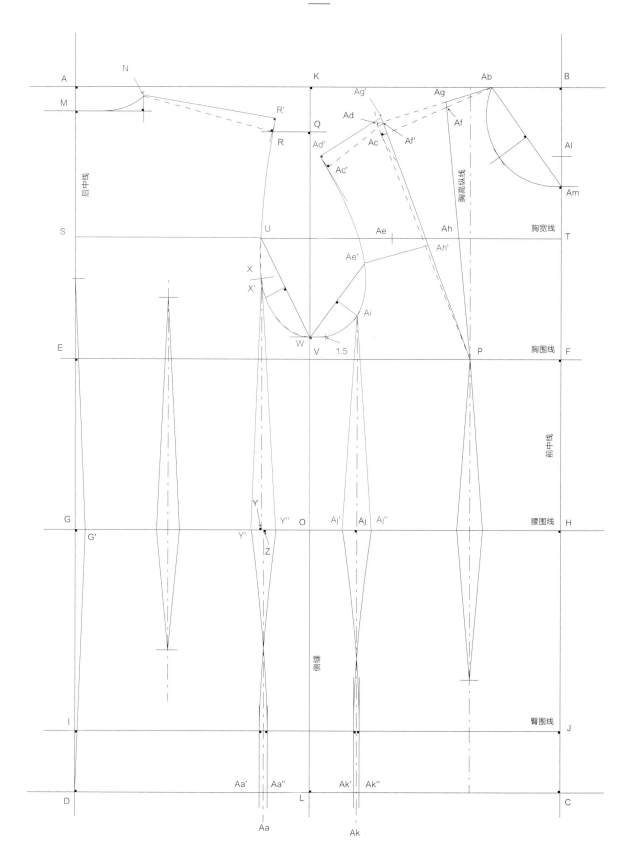

图9

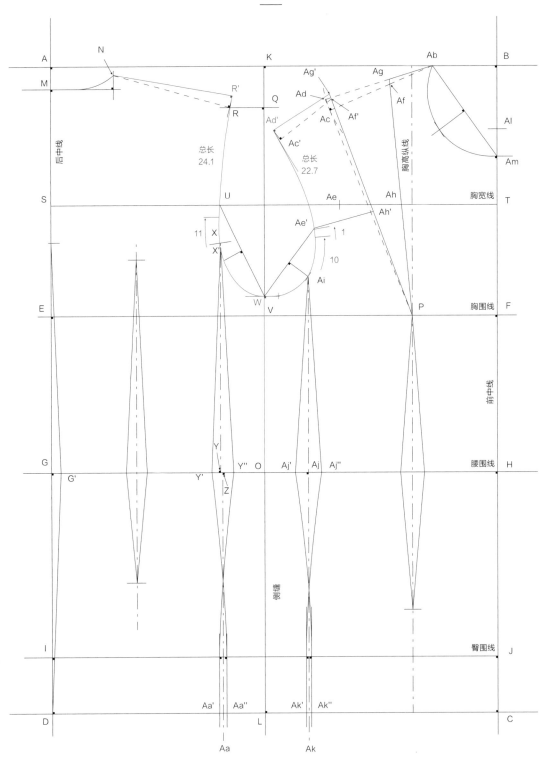

图9

1. 如图所示，在袖窿弧线上设置袖子车缝对位刀眼。

从袖窿底部W点沿前片袖窿弧线向上10cm设置一个刀眼，在这个刀眼上方1cm处设置另一个刀眼。

从袖窿底部W点沿后片袖窿弧线向上11cm设置刀眼。

2. 测量前、后片袖窿弧线余下部位的长度，以便确定袖山余量：

前片：从10cm处刀眼至垫肩斜线的袖窿弧长为12.7cm，前袖窿总长=10+12.7=22.7cm。

后片：从11cm处刀眼至垫肩斜线的袖窿弧长为13.1cm，后袖窿总长=11+13.1=24.1cm。

图10

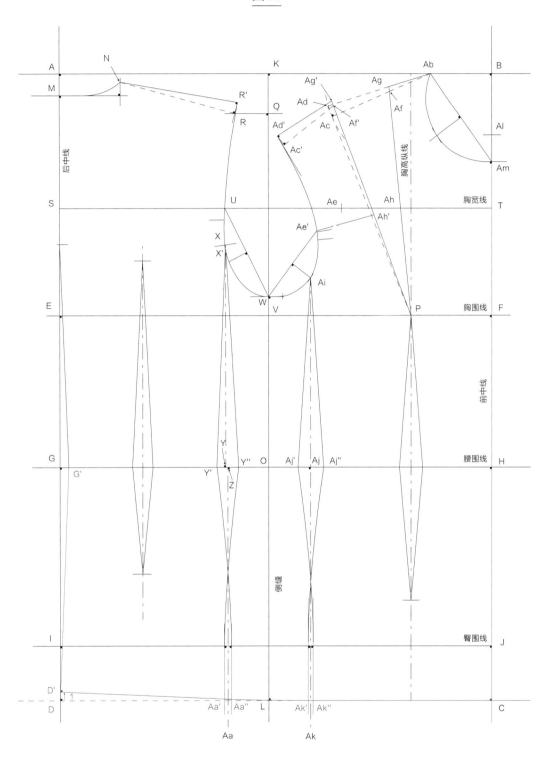

图10

1. 从底边的D点沿后中线向上1cm，标记为D'点。然后绘制一条较长较平顺的线，使其垂直于G'D'。

借助透明描图纸闭合侧片、后片和前片之间的开缝，以完成下摆线的绘制。

2. 借助透明描图纸（图10b）拓描G'D'、Aa''点和Aa''Y'。接着，移动透明描图纸，使Aa''Y'与Aa'Y''重合并拓描侧片直至Ak''Aj'。继续移动透明描图纸，使Ak''Aj'和Ak'Aj''重合并拓描前片直至前中线CH。

完成下摆弧线的绘制，用锥子标记并将其拓描至纸样上。

在这个西装衣身基础样板上，臀围线至底边之间的两条开缝与底边保持垂直，因此下摆线几乎保持水平。如果出于款式需要，可以将臀围线下方目前处于闭合状态的开缝打开，使下摆线略微展开，形成喇叭形。

在这种情况下，可以借助透明描图纸重新绘制下摆弧线，根据喇叭形的大小调整弧线的起伏形状。

图10b

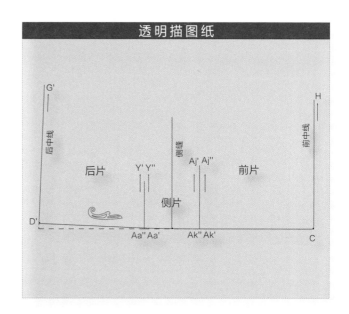

1. 为了绘制西装领，需要预留叠门量。本例中，为直径2.5cm的扣子预留2.5cm的叠门量。

确定西装领的起点。本例中，沿前中线从胸围线F点向下5cm，标记为Ao点。

从Ao点向前中线右侧绘制一条垂直线，在2.5cm处标记Ao'点，预留叠门量。

从Ao'点向下绘制一条前中线的平行线，将这条门襟止口线延伸至下摆线。

2. 如果扣子的大小不影响西装领的翻折，可以将第一个扣眼设置在西装领的起点位置。如果扣子太大，或者门襟太窄，就必须将第一个扣眼的位置向下移动0.5cm到1cm。

确定扣眼间距。为了看上去更美观，最后一个扣眼与下摆线之间的距离应大于扣眼间距。本例中，扣眼间距为10cm。为了使扣子始终位于前中线上，扣眼应该超出前中线右侧两三毫米，因为钉缝扣子的线脚会在衣服上占用一点位置，因此需要将扣眼的起始位置右移，以便抵消这个尺寸。

3. 扣眼剩下的长度位于前中线左侧，注意，扣眼始终要比扣子大才能确保扣子可以顺利穿过。

图11

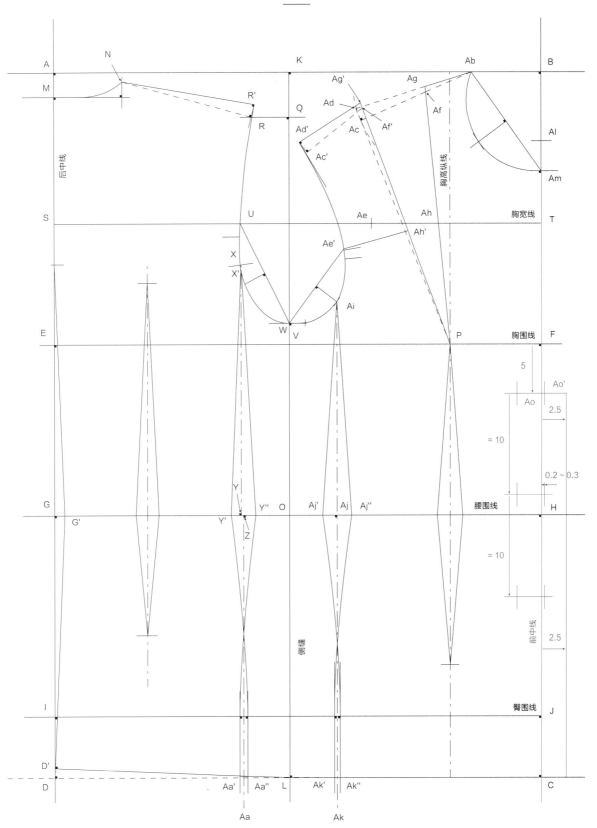

图12

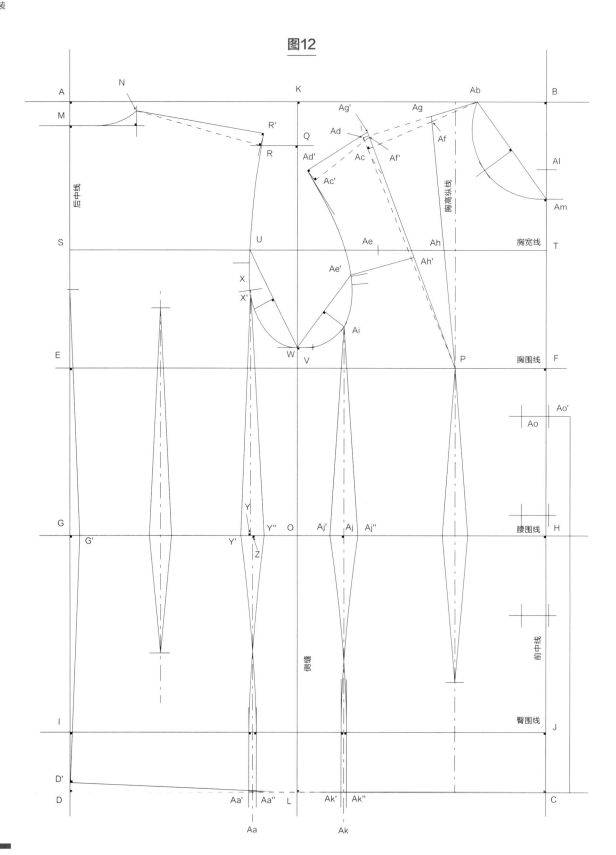

图12

三片式合体西装衣身最终样板（西装衣身基础样板）。

图13

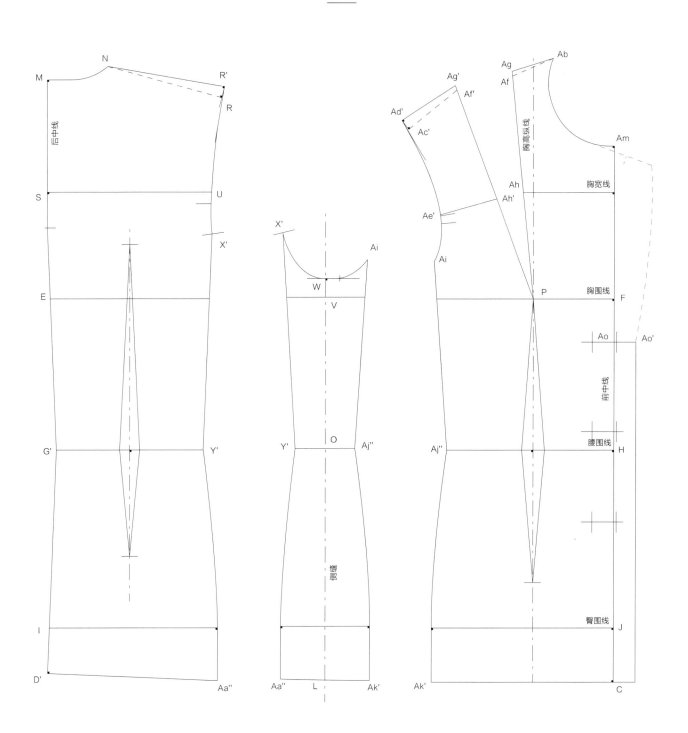

图13

分开绘制这三个裁片，以便设置缝份。

五片式收腰西装

在西装衣身基础样板的基础上,很容易就能够完成五片式收腰西装样板的绘制。

公主线从衣身前、后片肩部竖直向下,延伸至下摆,分别将前、后片分离为两个裁片。

后　　　　　　　　　前

款式图

图1

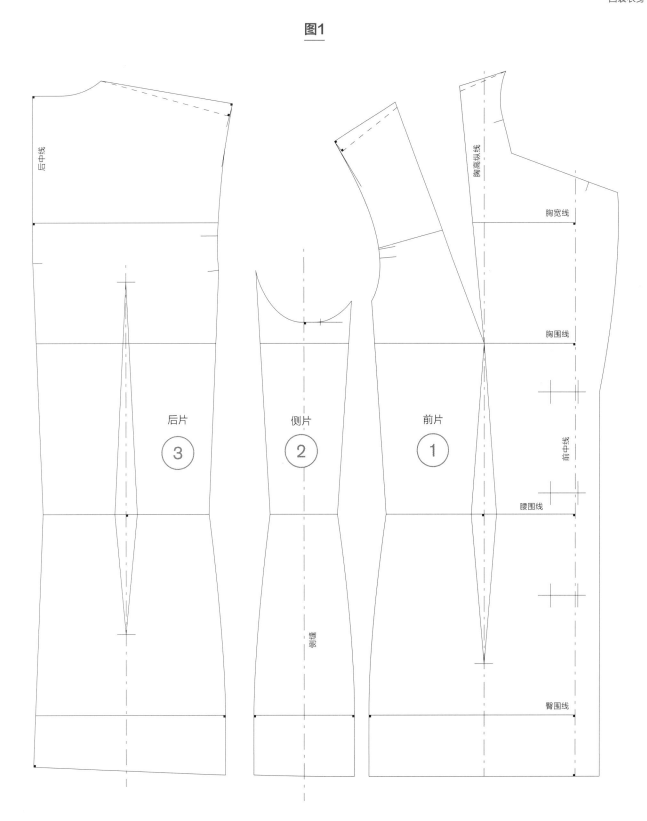

后中线

胸高纵线

胸宽线

胸围线

前中线

腰围线

侧缝

臀围线

后片

③

侧片

②

前片

①

图1

绘制西装衣身基础样板。

前片制板

图2

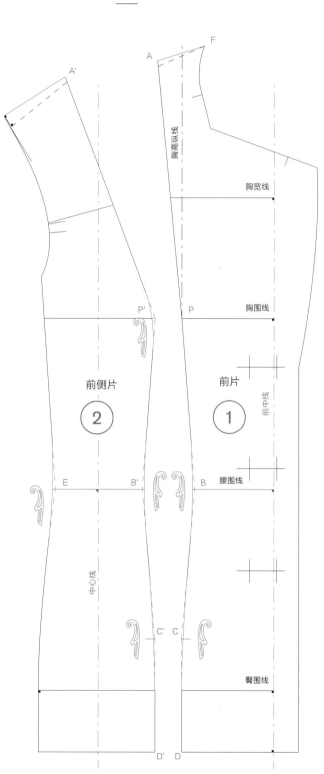

图2

1. 将基础样板前片的肩省和腰省连接起来,构成公主线开缝,用于绘制五片式收腰西装样板。

2. 在绘图纸的右侧画一条垂直线代表前中线。然后画一条水平线垂直于前中线,代表腰围线。

3. 复制前片(①号片),直至肩省第一省边(AP)和腰省第一省边(PB)。

CD代表腰省的中心线,前片和前侧片在此处分离为两个裁片。

4. 在分离①号片和②号片之前,不要忘记在②号片上标记中心线。

5. 移动西装基础样板,复制②号片,即前侧片(A'P'B'C'左侧部分),应确保中心线方向和腰围线位置与①号片一致,如图所示。

6. 画顺每一处转角线条,尤其是胸高点(P'点)、腰围线(E点、B'点、B点)和腰省底部(C点、C'点)这几处。

后片制板

图3

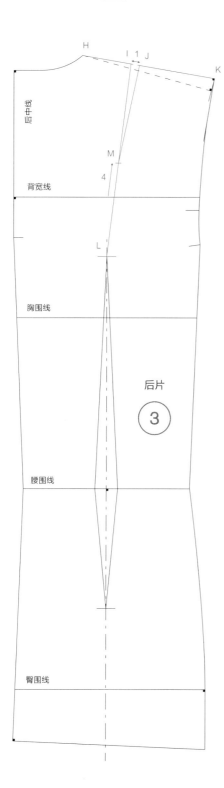

图3

1. 复制基础样板的后片。

后片腰省保持原样, 将肩部吃势量转化为省量。

2. 后片肩胛省应与前片开缝的位置对齐, 为此, 需根据前片肩斜线 (FA、A'G') 尺寸在后片肩斜线上取值:

– 从H点向右, 取FA的尺寸, 得到I点。

– 从K点向左, 取A'G'的尺寸, 得到J点。

3. 用直线连接I点和腰省顶点 (L点), 形成肩胛省第一省边, 然后从其与背宽线的交点向上, 在这条直线上取4cm (M点) 。

用直线连接M点和J点, 从而形成肩胛省第二省边。

4. 由此, 在I点和J点之间形成了1cm省量的肩胛省。

图4

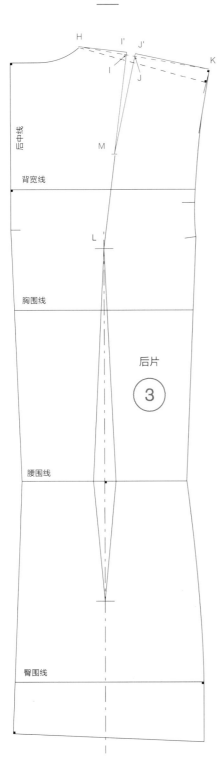

图4b

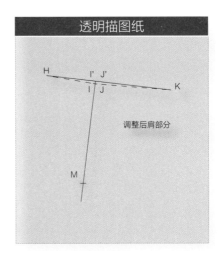

图5b

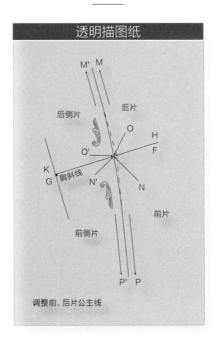

图4

设置肩胛省之后,需要借助透明描图纸(图4b)拓描肩斜线,并以省尖(M点)为圆心旋转闭合省道,检查两段肩斜线(HI和JK)的连接是否连贯平顺。

如果两段肩斜线之间出现夹角,则需用直线连接H点和K点,重新画顺肩斜线,然后将其拓描至纸样上,之前的I点、J点变成了I'点、J'点。

图5

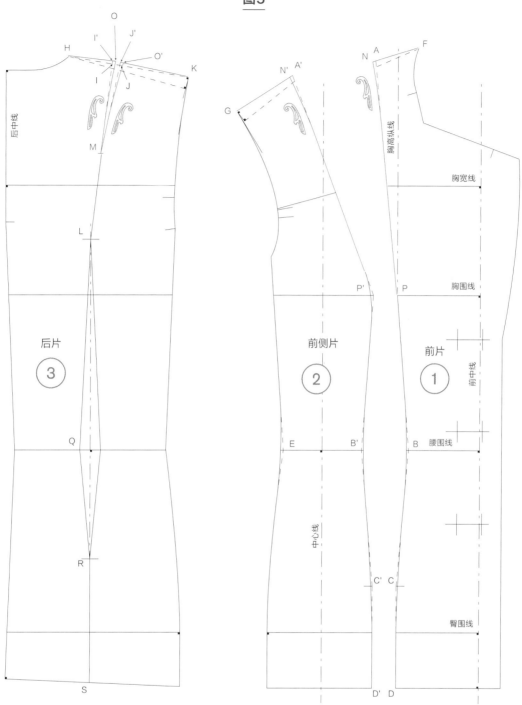

图5

1. 调整好后肩之后，需拼拢前、后片肩斜线，检查前、后片的公主线是否连贯平顺。

2. 借助透明描图纸（图5b）拓描前片肩斜线FA和肩省第一省边AP，将AP移至A'P'上，然后拓描肩斜线A'G'。对齐前后片的肩斜线部分，使颈侧点F点和H点重合，使前肩FA与后肩HI'对齐，并继续拓描肩胛省第一省边I'M。以M点为圆心旋转闭合省道，使I'点与J'点重合，最后拓描后片肩斜线J'K。

3. 仔细观察样板，如有必要，可调整公主线使其更加流畅美观。本例中，需要借助曲线板将调整过程中形成的一些转角线条画顺。将后片和前片上修改过的部分（后片O点、O'点和前片N点、N'点）拓描至纸样上。

图6

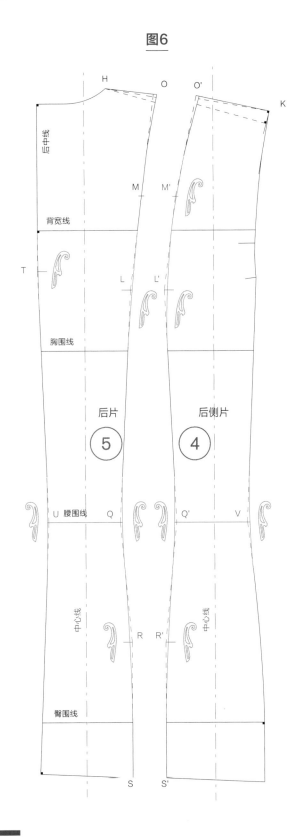

图6

1. 在绘图纸的左侧画一条新的垂直线，垂直于之前绘制的前片腰围线，作为后片（⑤号片）的中心线。

2. 复制后片（⑤号片），直至肩胛省第一省边（OM），再向下延伸至腰省顶部（L点），然后继续延伸至腰省的第一省边（LQR）。

RS代表腰省的中心线，后片和后侧片在此处分离为两个裁片。

3. 在分离④号片和⑤号片之前，不要忘记在④号片上标记中心线。

4. 移动样板，复制④号片，即后侧片（O'M'L'Q'R'S' 右侧部分），应确保其中心线方向和腰围线位置与⑤号片一致，如图所示。

5. 画顺每一处转角线条，尤其是腰省顶部（L点、L'点）、腰围线（U点、Q点、Q'点和V点）以及腰省底部（R点、R'点）这几处。

可能还需要画顺后中省顶部（T点）以及肩胛省底部（M'点）处的转角线条。

图7

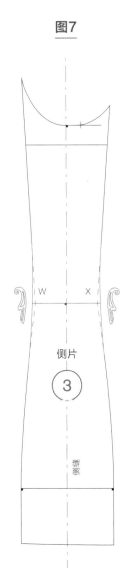

图7

复制侧片（③号片），无需任何修改。

画顺腰围线（W点、X点）处的转角线条。

图8

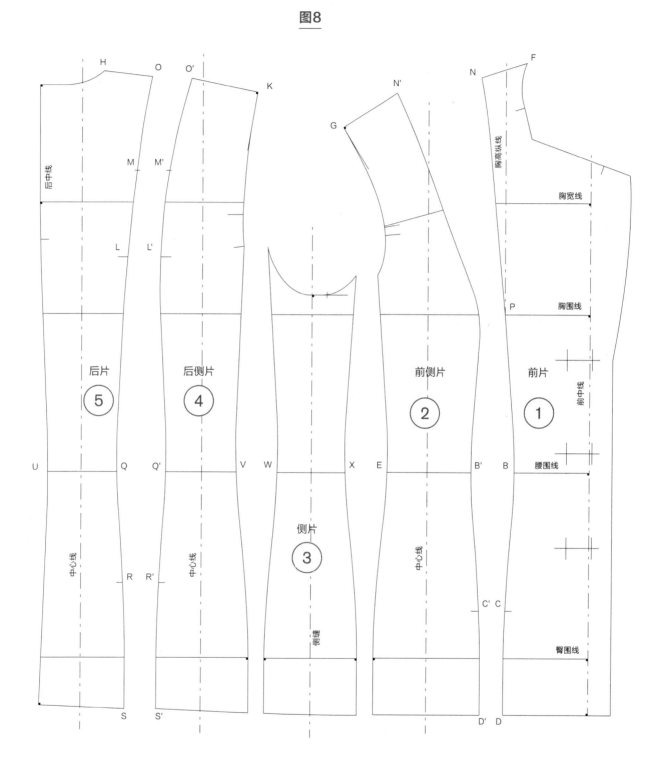

图8

五片式收腰西装的最终样板。

两片式收腰西装

在西装衣身基础样板的基础上，很容易就能够完成两片式收腰西装样板的绘制。

这一样板保留了基础样板的省道，并未对前后片进行公主线分离。

注意：前片省道的省尖不宜设置在胸高点，省尖应与胸高点保持一定的距离。

这款新样板没有侧片，前片和后片通过侧缝拼接，其收腰效果体现在侧缝处。

后　　　　　　　　前

款式图

图1

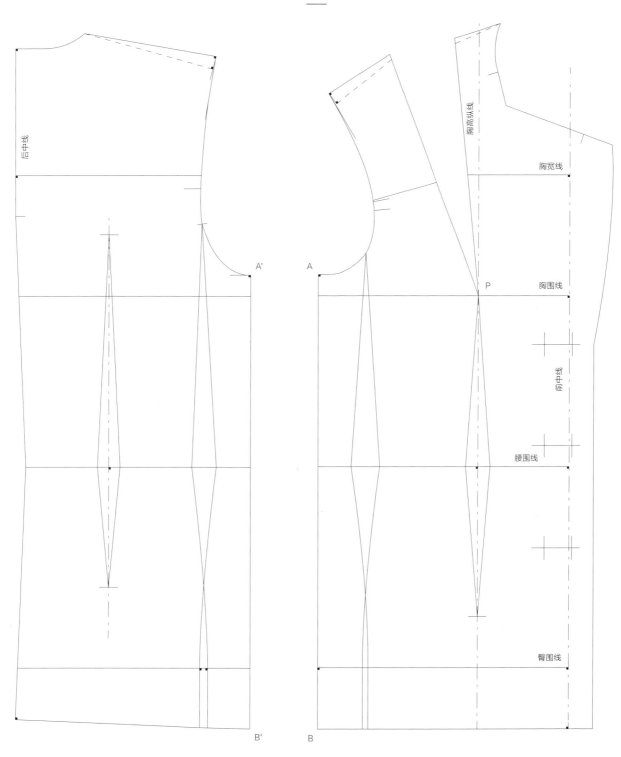

图1

为了进行转换，在绘图纸上复制西装基础样板的以下部分：

－前片直至侧缝（AB），使侧片的前半部分与前片连在一起。

－后片直至侧缝（AB），使侧片后半部分与后片连在一起。A点、B点变成A'点和B'点。

前片制板

图2

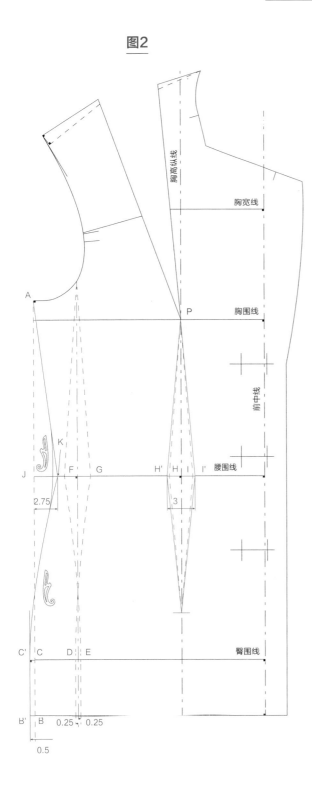

图2

1. 复制前片样板后，需要进行转换。

在这个样板中，侧片与前片在臀围线上方分离，在臀围线下方则相互重叠。在臀围线上，开缝（前片D点、侧片E点）与中心线之间的距离为0.25cm，因此需在侧缝处加放0.25×2=0.5cm。

2. 在基础样板的臀围线以下区域，开缝与前中线保持平行，样板上的B点和C点处于同一条垂直线上。可以直接将这两点向外移0.5cm（B'点、C'点），从而确定臀围部位的宽度，即26+0.5=26.5cm。

注意：计算前后片臀围时，取净臀围加放松量，即94+8=102cm，并将其等分：102/2=51cm，再调整前后片尺寸，即

– 前片：51/2+1=25.5+1=26.5cm

– 后片：51/2-1=25.5-1=24.5cm

用直线连接B'点和C'点，并向上延伸，如图所示。

3. 基础样板的侧片与前片之间隐含的省量（FG）为3cm，需要在新样板上去除该省量，以保持西装样板的尺寸不变。

在这款样板上，可以利用前片腰省或侧缝收腰省去除省量。

4. 基础样板的腰省量（HI）为2.75cm。为了防止在侧缝处去除的省量过多影响西装外观，可在腰省上增加0.25cm，从而达到3cm的省量（H'I'）。在H'点、I'点处绘制新的省道。

腰部可以设置的省量有限，省量越大，由于服装的胸、腰、臀尺寸差异而产生的面料皱痕就越多。

5. 侧缝处还剩下2.75cm（3-0.25=2.75cm）的省量需要去除。从J点向内收2.75cm至K点，形成前片的收腰造型。臀围线（C点）处向外加放了0.5cm的增量，不过这条侧缝仍然可以作为结构参照线。

为了绘制侧缝，先用直线连接A点、K点，然后借助曲线板绘制曲线，将腰围线的K点与直线B'C'连接起来，且与其相切于C'点。曲线板放置方向如图所示。

由于臀围线处向外加放了0.5cm，因此侧缝收腰省的省量为：2.75+0.5=3.25cm。这个省量处于正常范围，但是为了避免腰部出现尖角，或者产生影响美观的褶皱，最好还是借助曲线板将腰围线（K点）处的侧缝画顺。

图3

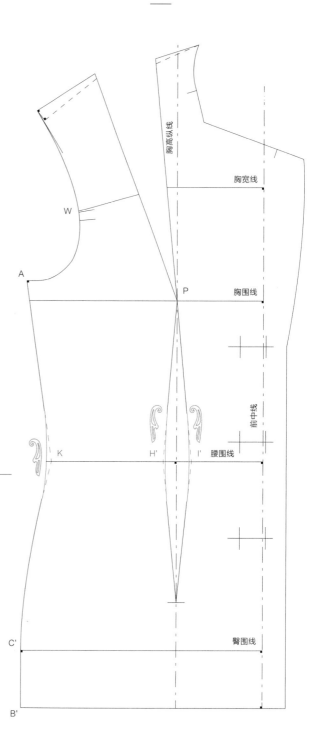

图3

画顺腰围线（K点、H'点、I'点）处产生的转角线条。

完成前片样板的绘制。

后片制板

图4

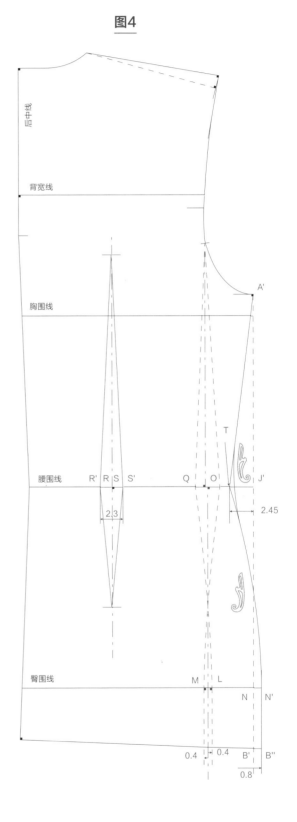

图4

1. 与前片一样，复制后片样板后，开始进行转换。

与前片类似，在这个样板中，侧片与后片在臀围线上方分离，在臀围线下方则相互重叠。在臀围线上，开缝（后片L点、侧片M点）与中心线之间的距离为0.4cm，因此需在侧缝处加放0.4×2=0.8cm。

2. 在基础样板的臀围线以下区域，开缝与后中线保持平行，样板上B'点和N点处于同一条垂直线上，可以直接将这两点向外移0.8cm（B"点、N'点），从而确定臀围部位的宽度，即23.7+0.8=24.5cm。*不要忘记，后中线收腰省使基础样板的长方形宽度减小了0.3cm，即24-0.3=23.7cm。*

用直线连接B"点和N'点，并向上延伸，如图所示。

3. 基础样板的侧片与后片之间隐含的省量（OQ）为2.5cm，需要在新样板上去除该省量，以保持西装样板的尺寸不变。

在这款样板上，可以利用腰省、侧缝收腰省、后中收腰省去除省量。

建议保留后中收腰省，不作任何调整。与前片一样，仅调整腰省和侧缝收腰省。

4. 基础样板的腰省量（RS）为2.25cm。为了保持基础样板的收腰效果不变，需增加0.05cm，以达到2.3cm的腰省量（R'S'）。在R'点、S'点处绘制新的省道。*腰省可以设置的省量有限，省量越大，由于服装的胸、腰、臀尺寸差异而产生的面料皱痕就越多。*

5. 侧缝处还剩下2.45cm（2.5-0.05=2.45cm）的省量需要去除。

从J'点向内收2.45cm（T点），形成后片的收腰造型。臀围线（N点）处向外加放了0.8cm，不过这条侧缝仍然可以作为结构参照线。

为了绘制侧缝，先用直线连接A'点、T点，然后借助曲线板绘制曲线，将腰围线的T点与直线B"N'连接起来，且与其相切于N'点。曲线板放置方向如图所示。

由于臀围线处向外加放了0.8cm，因此侧缝收腰省的省量为：2.45+0.8=3.25cm（与前片收腰省大小一样）。这个省量处于正常范围，但是为了避免腰部出现尖角，或者影响美观的褶皱，最好还是借助曲线板将腰围线（T点）处的侧缝画顺。

图5

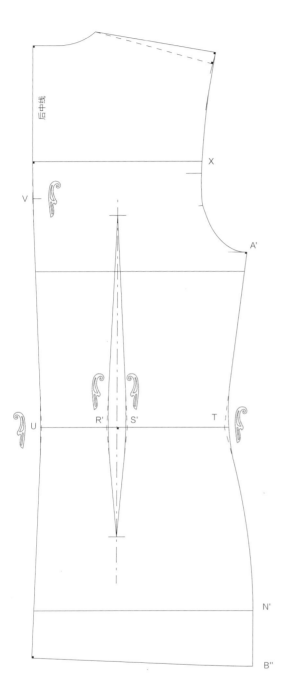

后中线

V

X

A'

R' S'

U

T

N'

B''

图6b

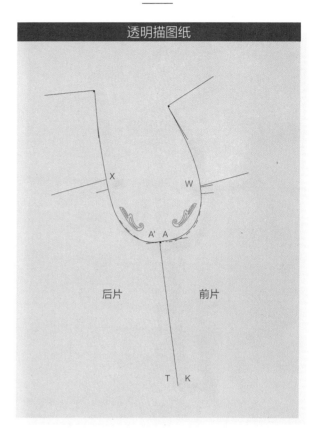

透明描图纸

后片　前片

X　W

A' A

T　K

图5

画顺腰围线（T点、S'点、R'点、U点）处和后中线（V点）处产生的转角线条。

完成后片样板的绘制。

图6

1. 由于侧缝经过了调整，袖窿弧线也需要重新绘制。

2. 借助透明描图纸（图6b）拓描前片袖窿弧线（AW）和侧缝（AK），然后将前片侧缝（AK）移至与后片侧缝（A'T）重合，继续拓描后片袖窿弧线（A'X）。

在前片袖窿底部（A点）画直角，并绘制一段1.5cm长的直角边。

然后借助曲线板重新绘制袖窿弧线，尽可能使其平顺连贯。通常情况下，前片袖窿弧线的变化更大。

3. 将透明描图纸置于绘图纸上，用锥子标记新的前、后片袖窿弧线，并将其拓描至纸样上。

图6

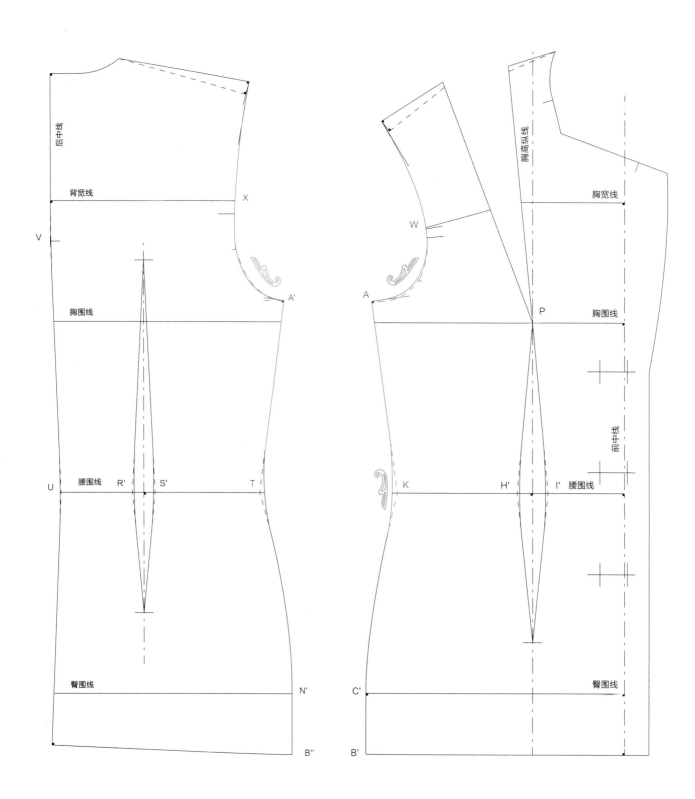

后中线

背宽线

V

胸围线

腰围线 U R' S' T

臀围线 N'

B''

X

A'

胸高纵线

胸宽线

W

A

胸围线 P

前中线

腰围线 K H' I'

臀围线

C'

B'

图7

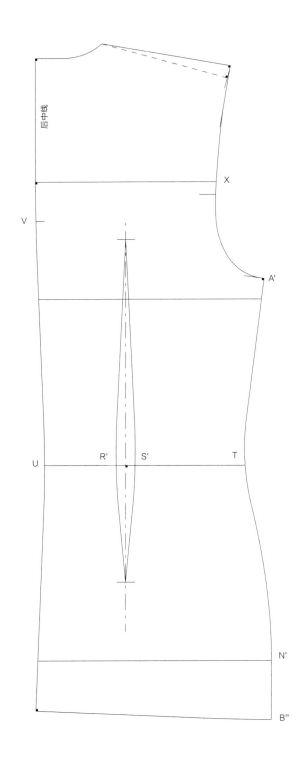

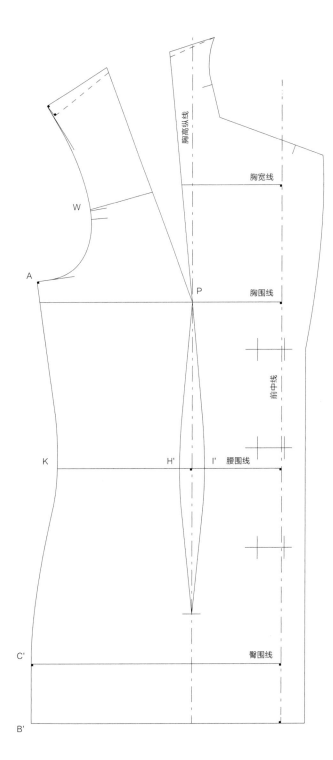

图7

两片式收腰西装的最终样板。

四片式收腰西装

在两片式收腰西装样板的基础上，很容易就能够完成四片式收腰西装的制板。

如图所示，公主线从衣身前后片肩部竖直向下，延伸至下摆，分别将前、后片分离为两个裁片。

制板时，在后片重新设置肩胛省，将肩部吃势量转化为省量。

后　　　　前

款式图

图1

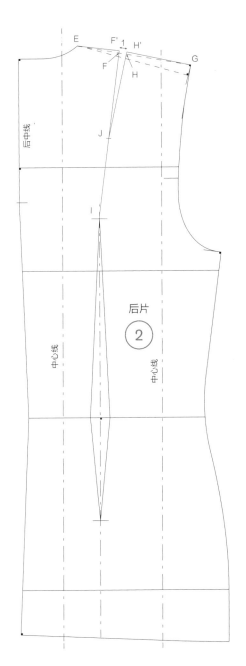 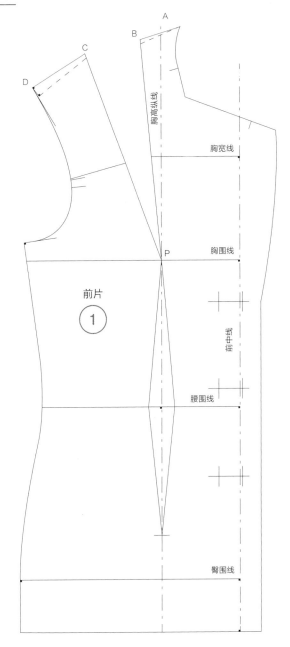

图1

1. 前片的公主线（即肩省开口处）应与后片的公主线对齐，为此，需根据前片肩斜线（AB和CD）的尺寸在后片肩斜线上取值：

- 从E点向右，取AB的尺寸，得到F点。

- 从G点向左，取CD的尺寸，得到H点。

2. 用直线连接F点和腰省顶点（I点），形成肩胛省第一省边，然后从其与背宽线的交点向上，在这条直线上取4cm（J点）。用直线连接J点和H点，从而形成肩胛省第二省边。

3. 由此，在F点和H点之间形成了一个1cm省量的肩胛省。

4. 设置肩胛省之后，需要借助透明描图纸（图1b）拓描肩斜线，以省尖（J点）为圆心旋转闭合省道，检查两段肩斜线（EF和HG）的连接是否连贯平顺。

如果两段肩斜线之间出现夹角，则需用直线连接E点和G点，重新绘制后肩，然后将修改后的肩斜线拓描至纸样上，之前的F点和H点变成了F'点和H'点，如图所示。

图1b

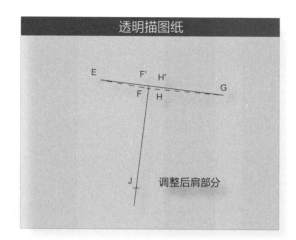

透明描图纸

调整后肩部分

图2b

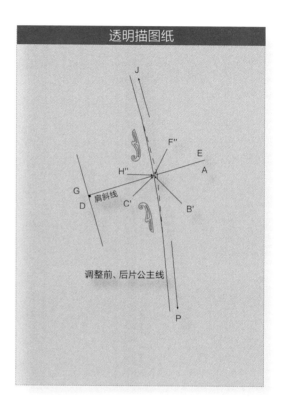

透明描图纸

调整前、后片公主线

图2

1. 完成后肩的调整之后,需拼拢前后片肩斜线,检查前、后片的公主线是否连贯一致。

2. 借助透明描图纸(图2b)拓描前片肩斜线AB和肩省第一省边BP,将BP移至CP上,然后拓描肩斜线CD。对齐前肩AB和后肩EF',使颈侧点A点和E点重合,继续拓描肩胛省第一省边F'J。以J点为圆心,旋转闭合省道,使F'点与H'点重合,最后拓描后肩H'G。

3. 仔细观察样板,如有必要,可调整公主线,使线条更加精准。本例中,需要借助曲线板略微修正调整过程中形成的转角线条。将前、后片中修改过的部分(后片F''点和H''点,前片B'点和C'点)拓描至纸样上。

图2

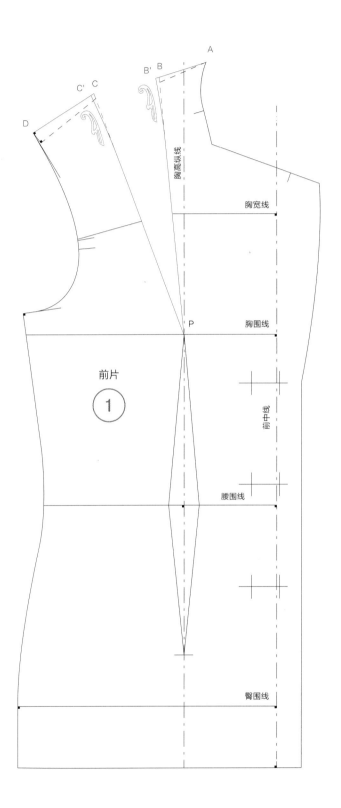

前片制板

图3

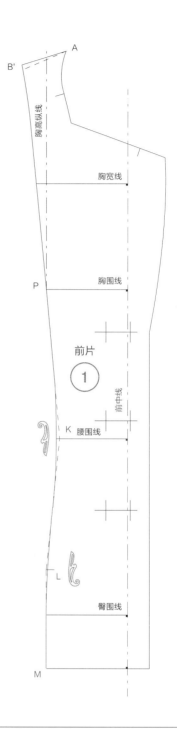

图3

1. 前片包含一个肩省和一个腰省,可以将这两个省道连接起来,构成公主线开缝。

2. 在绘图纸的右侧画一条垂直线作为前中线,然后画一条水平线垂直于前中线,作为腰围线。

3. 复制两片式收腰西装样板的前片(①号片)直至肩省第一省边(B'P)以及腰省第一省边(PKL)。

LM代表腰省的中心线,前片和前侧片在此分离为两个裁片。

4. 在分离①号片和②号片之前,不要忘记在②号片上标记中心线。

移动西装样板,复制②号片,即前侧片(DC'P'K'L'M'左侧部分),应确保中心线方向和腰围线位置与①号片一致,如图所示。

5. 画顺每一处转角线条,从而使样板更加美观,尤其是胸高点(P点)、腰围线(K点、K'点)和腰省底部(L点、L'点)等处。

后片制板

图4

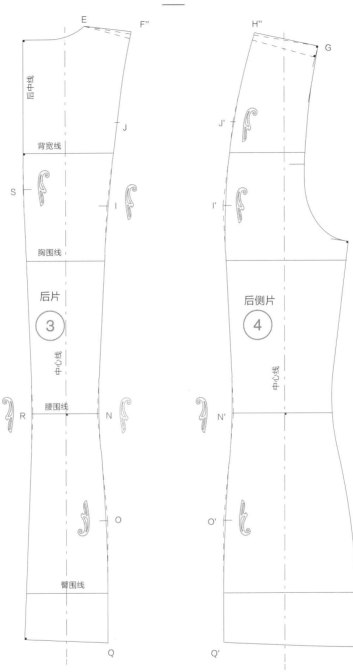

图4

1. 后片包含一个肩胛省和一个腰省，只需将这两个省道连接起来，即可构成公主线开缝。

2. 在绘图纸的左侧画一条新的垂直线，垂直于之前绘制的前片腰围线，以此作为后片（③号片）的中心线。

3. 复制两片式收腰西装样板的后片（③号片）直至肩胛省第一省边（JF"），再向下延伸至腰省顶部（I点），然后继续延伸至腰省第一省边（INO），最后重新绘制OQ。

4. 在分离③号片和④号片之前，不要忘记在④号片上标记中心线。

移动西装样板，复制④号片，即后侧片（GH"J'I'N'O'Q'右侧部分），应确保中心线方向和腰围线位置与③号片一致，如图所示。

5. 画顺每一处转角线条，从而使样板更加美观，尤其是腰省顶部（I点、I'点）、腰围线（R点、N点、N'点）以及腰省底部（O点、O'点）。

可能还需要画顺肩胛省底部（J'点）以及后中省顶部（S点）处的转角线条。

图5

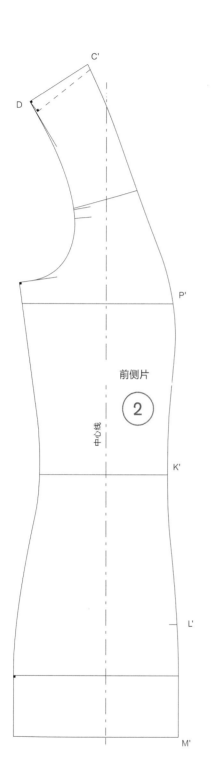

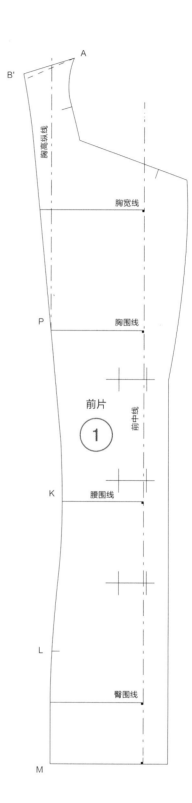

图5

四片式收腰西装的最终样板。

图5b

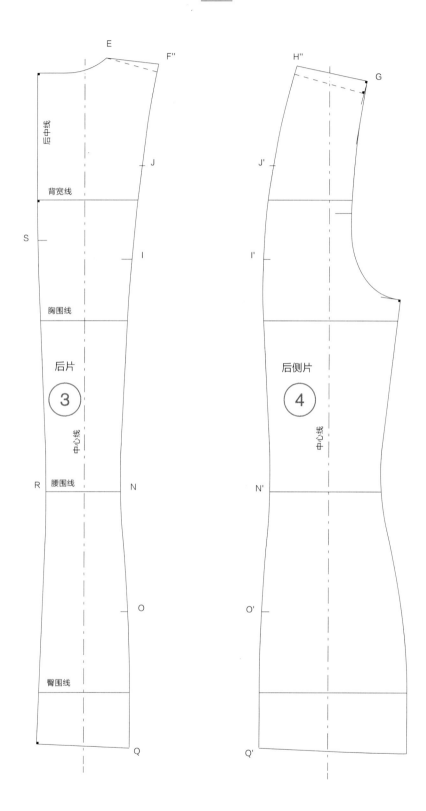

无肩省宽松西装

在两片式收腰西装样板的基础上进行转换,可以创造出各种各样的新款式,包括这款无肩省的微喇造型宽松西装。

基础样板的前后片保持平衡。如果新款式也是前后片平衡的,那么制板时也应保持平衡,前后片缩放的尺寸相等。

后　　　　　　　前

款式图

图1

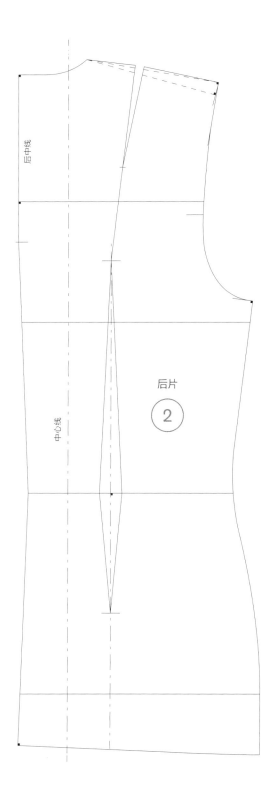

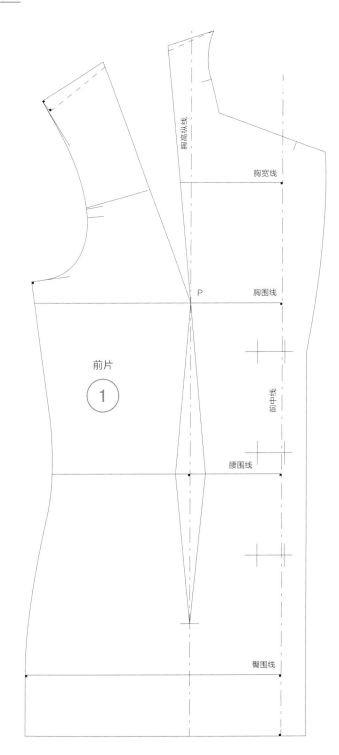

图1

绘制两片式收腰西装的前片和后片。在绘制后片时，不要忘记设置肩胛省。

前片制板

图2

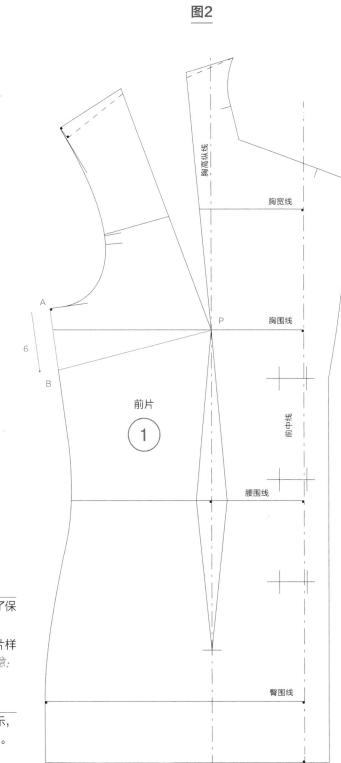

图2

1. 绘制完前片之后，根据设计需求确定放宽量。记住，为了保持服装整体的平衡，侧缝处也将添加放宽量的一半。

本例中，腰省处将加宽2cm，侧缝处将加宽1cm。因此，每片样板的加宽量为3cm，整件衣服的加宽量即3×4＝12cm。*注意：西装基础样板的臀围处有8cm放松量。*

2cm加宽量将设置在胸高纵线上，从袖窿底部下方加入。

2. 在侧缝上定位一个省道，将肩省量转移至此处。如图所示，本例中，将省道定位在袖窿底部（A点）下方6cm处（B点）。

图3

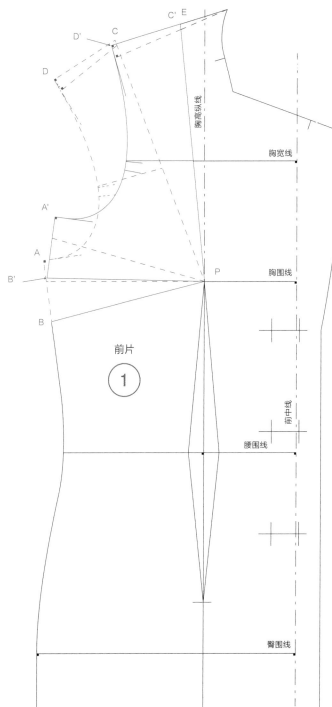

图3b

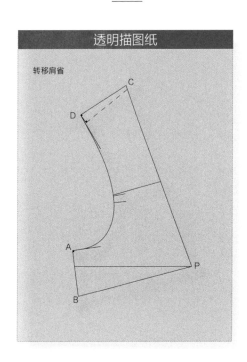

透明描图纸

转移肩省

图3

1. 开始进行基础样板的转换工作。

另取一张绘图纸，复制B点和E点右侧的前片部分。

2. 借助透明描图纸（图3b）拓描前片左上部分样板（ABPCD），然后以P点为圆心旋转闭合省道，使得肩省的第二省边（CP）与第一省边（EP）重合，从而打开侧缝处的省道。用锥子标记透明绘图纸上的轮廓并拓描至纸样上，得到A'B'C'D'。

图4

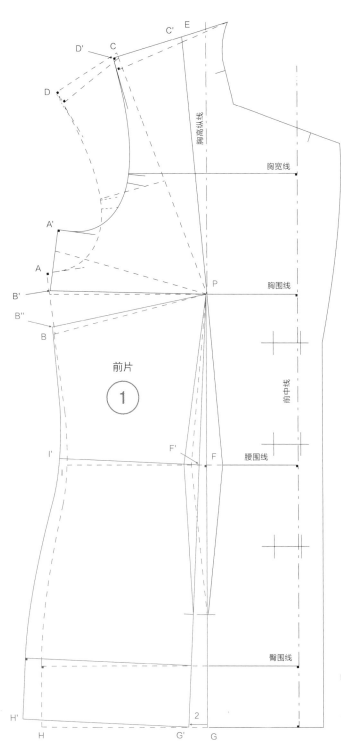

图4b

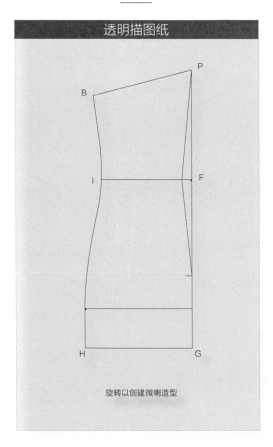

旋转以创建微喇造型

图4

1. 根据之前确定的腰省放宽量，在腰省中心线处向外加放2cm。为此，借助透明描图纸（图4b）拓描前片左下部分（PFGHIB），以P点为圆心旋转打开省道，使G点向左侧移动2cm（G'点），得到H'点、I'点、B"点。旋转后，侧缝处的省道闭合了一部分。

2. 完成两次省道旋转的步骤后，前片如图4c所示。

图5

图4c

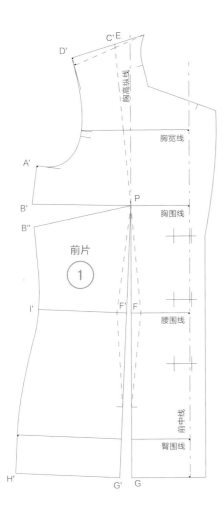

前片

①

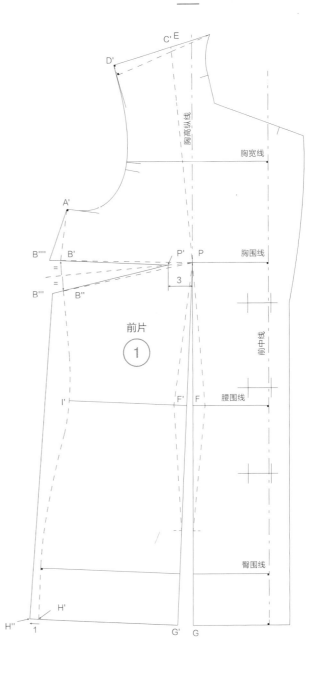

前片

①

图5

1. 取新的侧缝省（B'PB"）的角平分线，将P点沿着角平分线向外移动3cm（P'点），使省尖离开胸高点，如图所示。用直线连接省边（P'B'和P'B"）。

以此方式，省道将倾斜至胸部最饱满处并起到支撑作用，从而达到更好的视觉效果。

2. 根据之前确定的侧缝放宽量，从H'点向外加放1cm，得到H"点。

3. 借助透明描图纸（图5b）拓描A'B'P'，以便重新绘制侧缝。以P'点为圆心旋转闭合侧缝省，使第二省边（PB'）与第一省边（PB"）重合。继续拓描H"H'G'。

4. 用直线连接A'点和H"点，形成新的侧缝，并与闭合后的省道延长线相交，得到B"'点、B""点。将透明描图纸置于绘图纸上，用锥子标记H"点、B"'点（位于P'B'延长线上）并拓描至纸样上，用直线连接H"B"'。

以P'点为圆心旋转打开侧缝省，用锥子标记B""点（位于P'B'延长线上）并拓描至纸样上，用直线连接A'B""。

后片制板

图6

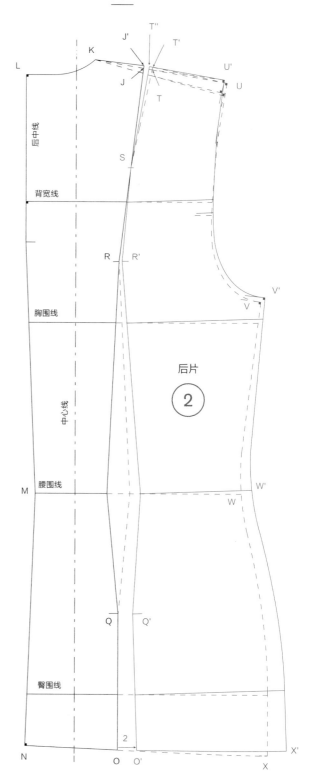

图5b

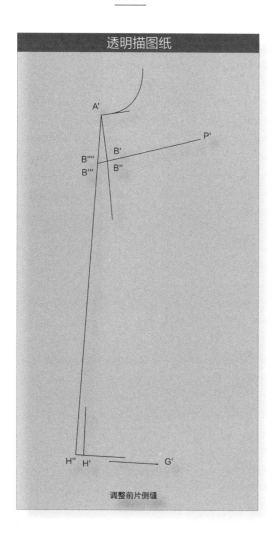

透明描图纸

调整前片侧缝

图6

1. 与前片一样,绘制后片并在腰省中心线右侧加宽2cm。
另取一张绘图纸,复制后片左半部分(JJ'KLMNOQRS)。

2. 以肩胛省省尖(S点)为圆心旋转打开腰省,使O点向右侧
移动2cm,得到O'点,肩胛省闭合了一部分,由此得到T"点。
继续在绘图纸上复制后片右半部分(R'Q'O'X'W'V'U'T")。

图7

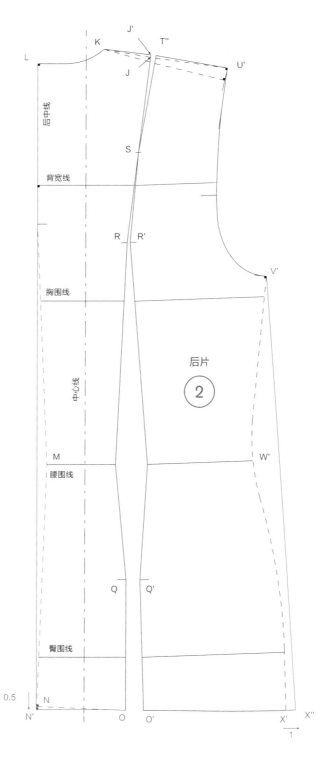

图7

1. 本款为宽松廓型，不需要后中省的收腰设计。为此，从后领底部（L点）向下作垂线至下摆线（N点），去除后中省。

从N点沿垂线向下约0.5cm（N'点）并绘制下摆线使其垂直于后中线。

2. 与前片一样，设置侧缝放宽量。从X'点向外加放1cm，得到X''点。

用直线连接X''点和V'点，绘制新的侧缝。

图8

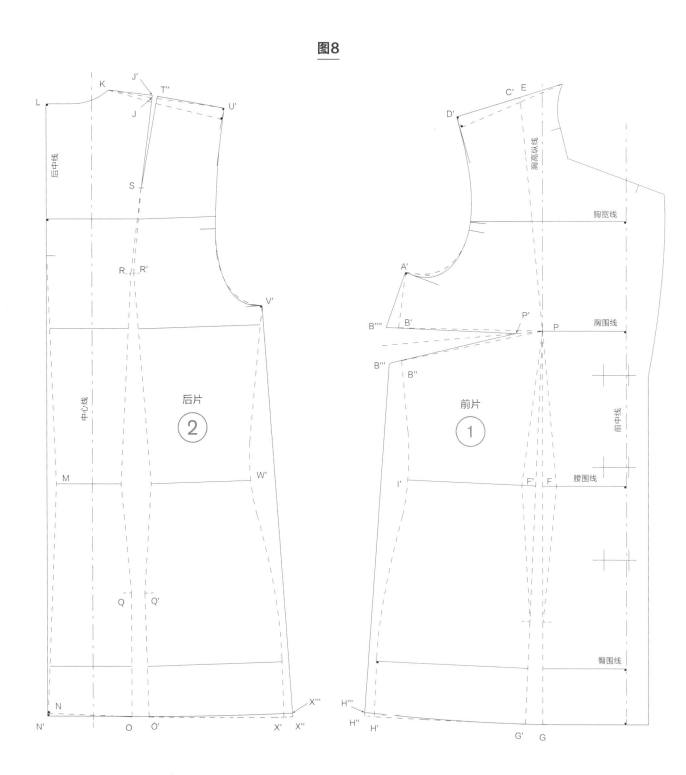

图8b

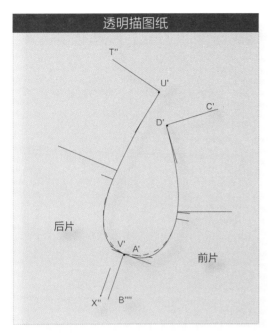

图8c

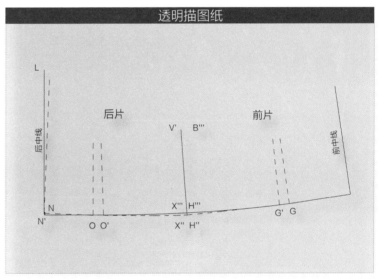

图8

1. 检查袖窿底部（V'点、A'点）和下摆线（X''点、H''点）的拼合情况。借助透明描图纸（图8b）拓描前片袖窿弧线直至侧缝（C'D'A'B''''），将前片侧缝（A'B''''）移至与后片侧缝（V'X''）重合，继续拓描后片袖窿弧线直至肩斜线（U'T''）。在袖窿底部（A'点）画一个直角，直角边长1.5cm，然后重新绘制前后片袖窿弧线。用锥子标记新的袖窿弧线，并将其拓描至绘图纸上。

通过旋转省道加宽2cm后，前片只有一个侧缝省，后片可能没有肩胛省或有一个省量较小的肩胛省，因此前片和后片体量都比较大。

2. 调整下摆线。借助透明描图纸（图8c）拓描前片前中线至下摆部分（GG'H''B'''），将前片侧缝（V'X''）移至与后片侧缝（B'''H''）重合，继续拓描整个后片（V'X''O'ON'L）。

在新的后中线N'点处（位于N点下方约0.5cm处）画一个直角，然后借助曲线板将下摆线画顺，由此得到前片H'''点和后片X'''点。

3. 将透明描图纸置于绘图纸上，用锥子标记新的下摆线并将其拓描至纸样上，然后重新绘制纸样。

图9

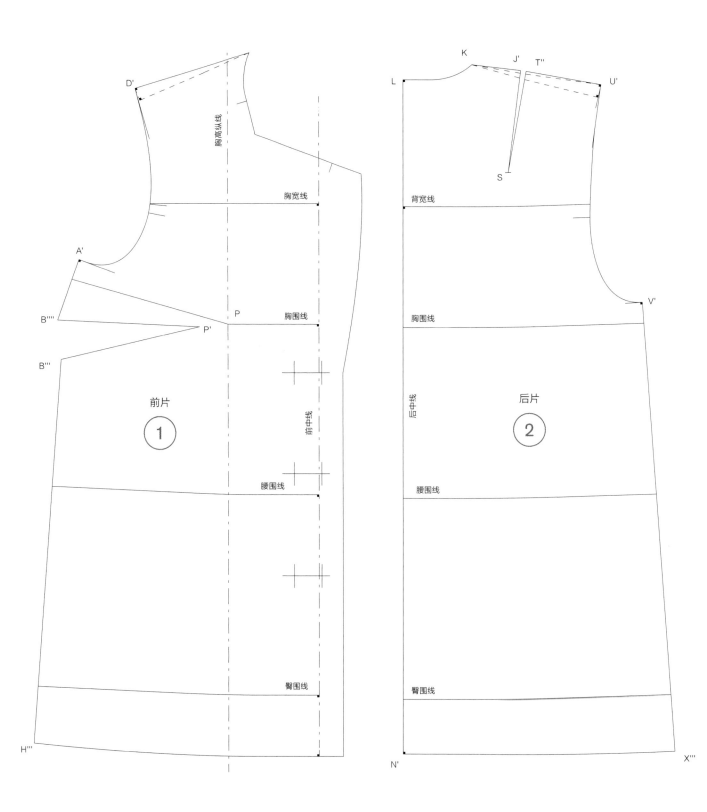

图9b

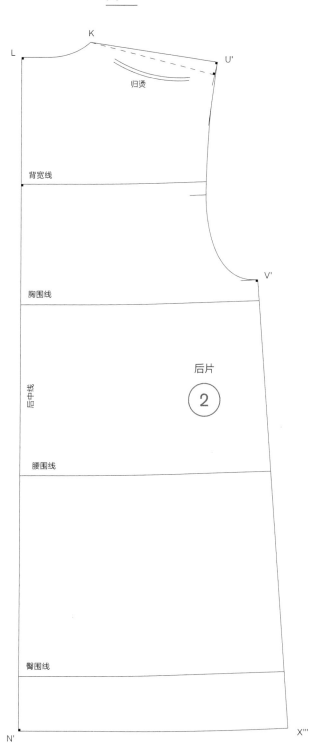

图9

通过旋转闭合肩省转移省量,形成微喇造型,完成该款无肩省宽松西装最终样板的绘制。

考虑到肩胛省的省量已经变得很小,车缝时,可以将其转化为肩部吃势量。

用直线连接K点和U'点,由此得到新的后片样板（图9b）。

无肩省合体西装

这款无肩合体西装在西装衣身基础样板上进行制板,将前片的肩省移至胸部的省道,后片和侧片不做任何改动。

后　　　　　　前

款式图

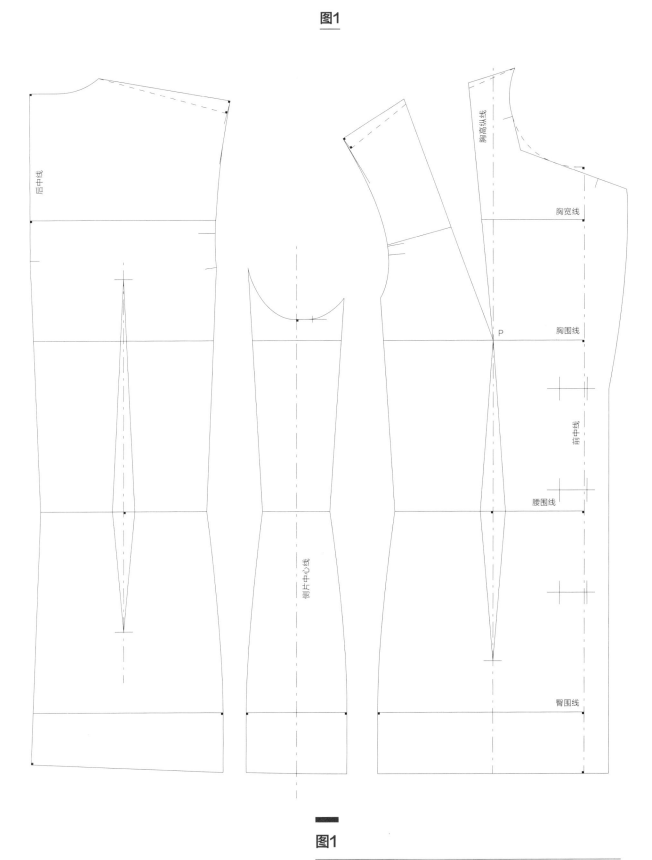

图1

图1

绘制西装衣身基础样板的后片、侧片和前片。

前片制板

图2

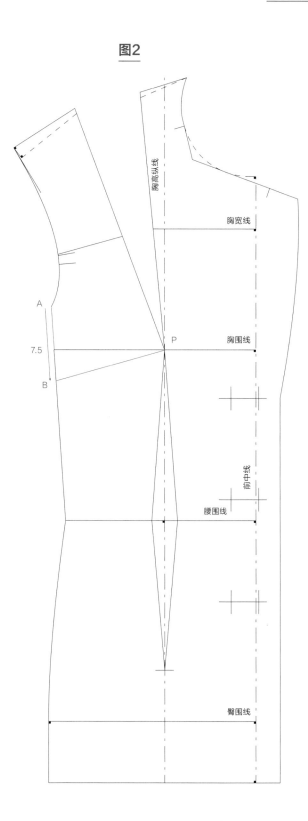

胸高纵线

胸宽线

A

7.5

B

P 胸围线

前中线

腰围线

臀围线

图2

绘制完前片之后，准备设置侧缝省。

本例中，省道设置在袖隆底部（A点）下方7.5cm处，
标记为B点。

图3

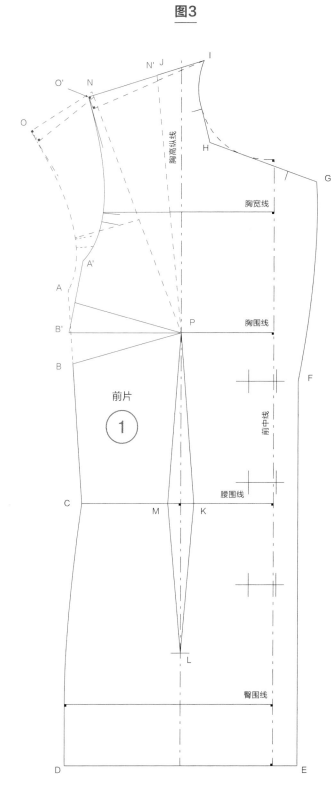

图3b

透明描图纸

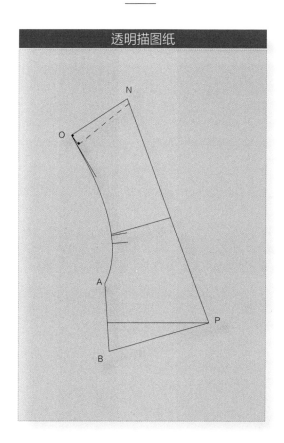

图3

1. 另取一张绘图纸，复制前片大部分（JIHGFEDCBPMLK）。

2. 借助透明描图纸（图3b）拓描前片小部分（NPBAO），然后以P点为圆心旋转闭合肩省，使第二省边（PN）与第一省边（PJ）重合，将N点、B点、A点、O点拓描至绘图纸上，得到N'点、B'点、A'点、O'点，并将前片绘制完整。

图4b

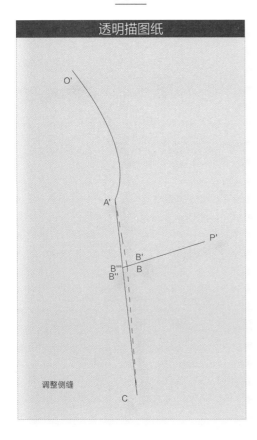

透明描图纸

调整侧缝

图4

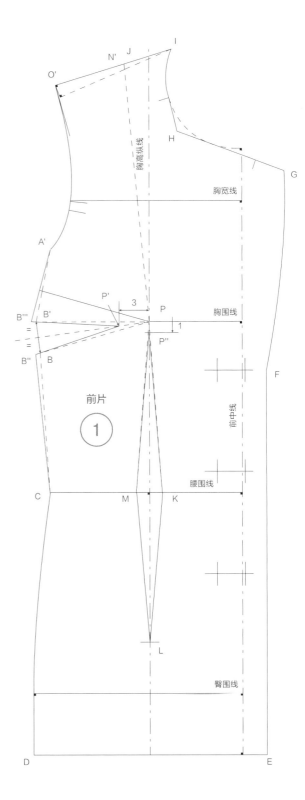

图4

1. 向外移动省道的省尖, 使其稍稍偏离胸高点, 可以使服装胸部更好地形成圆润的外观效果。

取侧缝省(BPB')的角平分线, 将P点沿着角平分线向外移动3cm, 得到新的省尖(P'点)。用直线连接省边(P'B和P'B'), 完成新省道的绘制。

对于腰省, 将P点沿着省道中心线下移1cm, 从而重新确定该省道的省尖(P''点)。用直线连接省边(P''M和P''K), 完成新省道的绘制。

2. 检查侧缝是否连贯平顺并进行调整。

借助透明描图纸(图4b)拓描A'B'P', 以P'点为圆心旋转闭合侧缝省, 使B'点与B点重合, 继续拓描侧缝直至C点。

用直线连接A'点和C点, 并与闭合后的省道延长线相交, 得到B''点和B'''点。

用锥子标记并重新绘制新的侧缝(A'B'''和B'C)。

3. 通过旋转法, 可以根据设计以及不同款式的需要, 随意移动省道位置。

图5

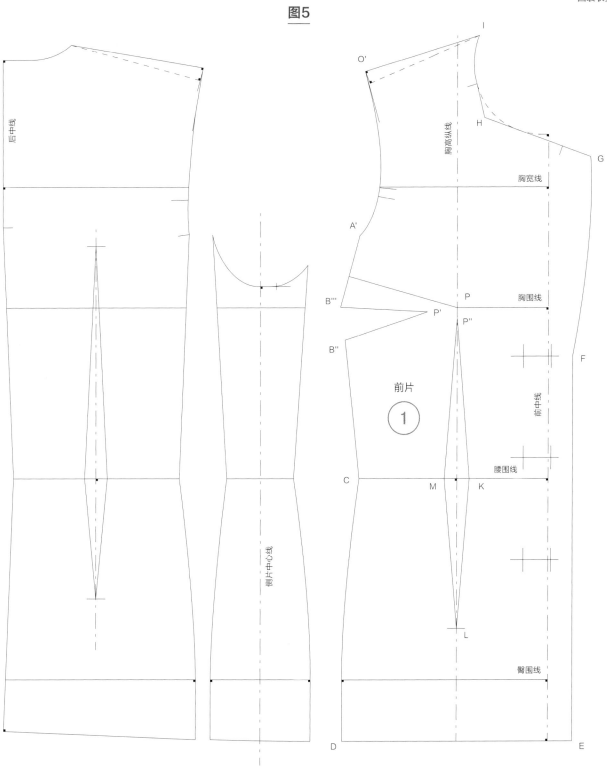

后中线

胸高纵线

胸宽线

O'

I

H

G

A'

B'''

P

胸围线

P'

P''

B''

F

前片

① 1

前中线

C

M

K

腰围线

L

侧片中心线

D

E

臀围线

图5

图5

无肩省合体西装最终样板。

*修改后的前片与没有任何改动的西装衣身基础样板的后片和
侧片组合起来，成为无肩省合体西装样板。*

一片半式短西装

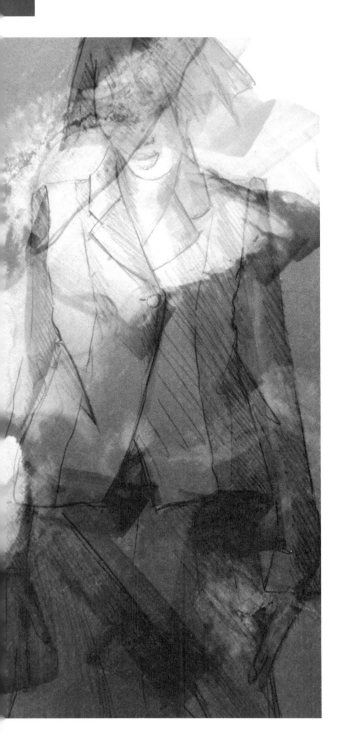

通过修改西装衣身基础样板的尺寸，可以得到新的样板。

本例中，下摆线提高到腹围位置（腰围线下10cm处）。

该款样板取消了前片与侧片之间的开缝，但保留了侧片与后片之间的开缝。因此，整体尺寸比基础样板大一些。

后　　　　　　　　前

款式图

图1

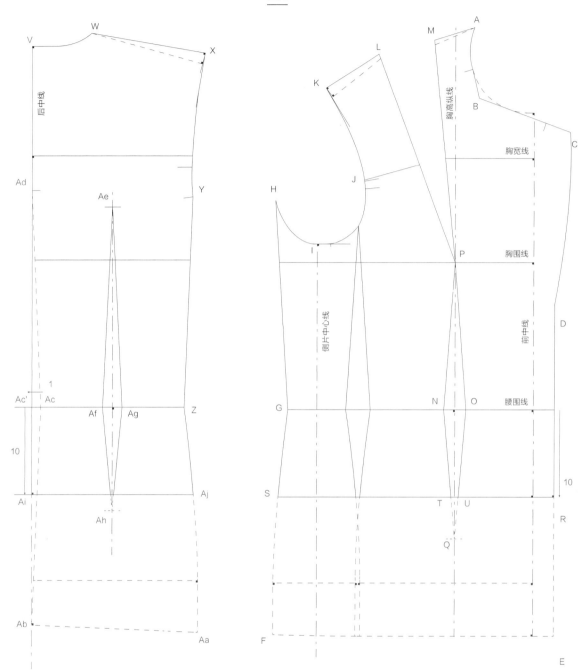

图1

1. 在绘图纸右侧绘制西装衣身基础样板的前片与侧片（ABCDEFGHJKLPNQOM）。

2. 确定理想的衣长。本例中，将新的下摆线定位在腰围线下方10cm处。在此处绘制一条水平线（RS）代表新的下摆线，并与前片腰省的省边相交于T点和U点。

3. 与前片保持同样的操作方式，在绘图纸左侧绘制西装衣身基础样板的后片（VWXYZAaAbAcAdAeAfAgAh）。

本书制板时采用半身样板，裁剪时在面料上复制半身样板即可得到全身裁片。本款为一片半式短上衣，需在后中线处对折裁剪，才能得到完整的后片。为此，需取消后中省道。*注意：这个宽松款式的腰围处将取消基础样板的大部分合体设计。*

4. 从后片的Ac点向左，在腰围线上取1cm，得到Ac'点，将后中线（VAd）延伸至下摆线（Ab点）。

5. 在腰围线下方10cm处，绘制新的下摆线（AiAj）。

图2

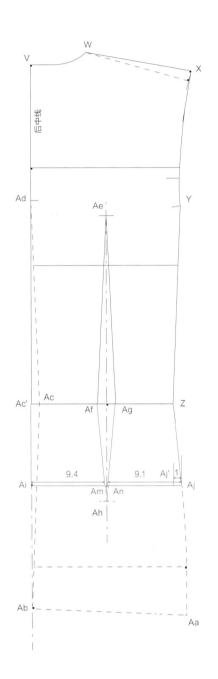

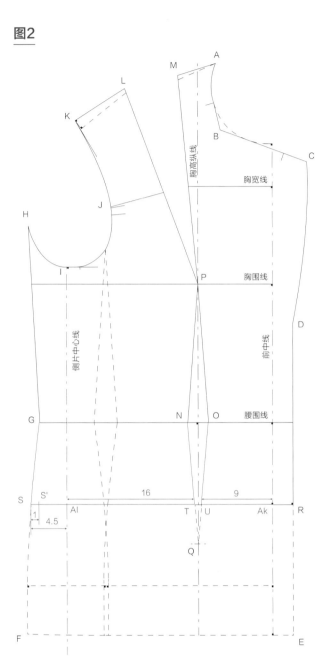

图2

1. 根据款式设计需要确定下摆尺寸。在人台上腰围线下10cm处测量得到半身腹围为42cm。总体放松量为8cm，半身放松量为8/2＝4cm，即半身样板下摆宽为42＋4＝46cm。

2. 在绘图纸上测量下摆线的长度，不包括前后片的腰省量。

－ 前片：AkU＝9cm，TAI＝16cm，Al点代表长方形基础框架左侧边线（侧片中心线）。

－ 后片：AiAm＝9.4cm，AnAj＝9.1cm，除此之外，还要加上前片AIS＝4.5cm。

3. 将这些数值加起来：

－ 前片：9＋16＝25cm

－ 后片：9.4＋9.1＋4.5＝23cm

下摆线总长度为25＋23＝48cm，比设计尺寸多了2cm（48－46＝2cm）。因此，在前片和后片拼缝处，将前片和后片的下摆长度各减少1cm。

从前片的S点向内收1cm，得到S'点。

从后片的Aj点向内收1cm，得到Aj'点。

图3

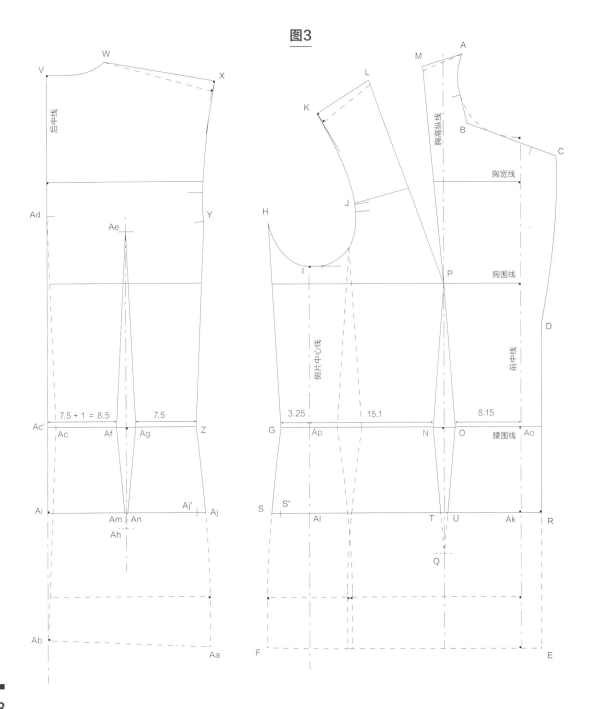

图3

1. 根据款式设计需要确定腰围尺寸。本款并非合体短上衣，因此需要再次调整腰省量。本例中，前片和侧片之间的3cm省量已取消。

在人台的腰围线上测量得到一半宽度为33.5cm。总体放松量20cm，半身放松量为20/2＝10cm，即半身样板腰围为33.5＋10＝43.5cm。

2. 在绘图纸上测量腰围线的长度，不包括前后片的腰省量。

－前片：AoO＝8.15cm，NAp＝15.1cm，Ap点代表长方形基础框架左侧边线（侧片中心线）。

－后片：Ac'Af＝8.5cm，AgZ＝7.5cm，除此之外，还要加上前片ApG＝3.25cm。

3. 将这些数值加起来：

－前片：8.15＋15.1＝23.25cm

－后片：8.5＋7.5＋3.25＝19.25cm

腰围线总长度为23.25＋19.25＝42.5cm，比设计尺寸少了1cm（43.5－42.5＝1cm）。因此，需要增加腰围尺寸。

图4

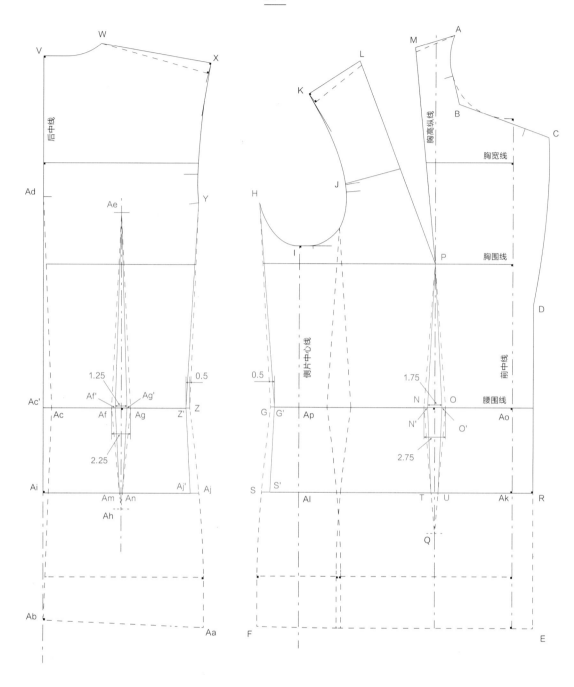

图4

1. 前片腰省量为2.75cm。将其减少1cm，从而放松腰围，以免产生不美观的褶痕。因此新的腰省量（N'O'）为2.75-1=1.75cm。

2. 后片腰省量为2.25cm。为了保持前后片的平衡，将后腰省也减少1cm，从而放松腰围，以免产生不美观的褶痕。因此新的腰省量（Af'Ag'）为2.25-1=1.25cm。

3. 半身腰围线总长度增加了2cm，即42.5+2=44.5cm。

4. 为了达到理想的半腰围43.5cm，还需减少1cm。

在侧缝处减去1cm腰围尺寸，从而略微产生收腰效果。

从前片腰围线的G点向内收进0.5cm，得到G'点。

从后片腰围线的Z点向内收进0.5cm，得到Z'点。

5. 重新绘制侧缝：

- 前片：用直线连接H点、G'点和S'点。

- 后片：用直线连接Y点、Z'点和Aj'点。

6. 重新绘制缩小后的新腰省：

- 前片：用直线连接T点、N'点、P点、O'点和U点。

- 后片：用直线连接Am点、Af'点、Ae点、Ag'点和An点。

图5

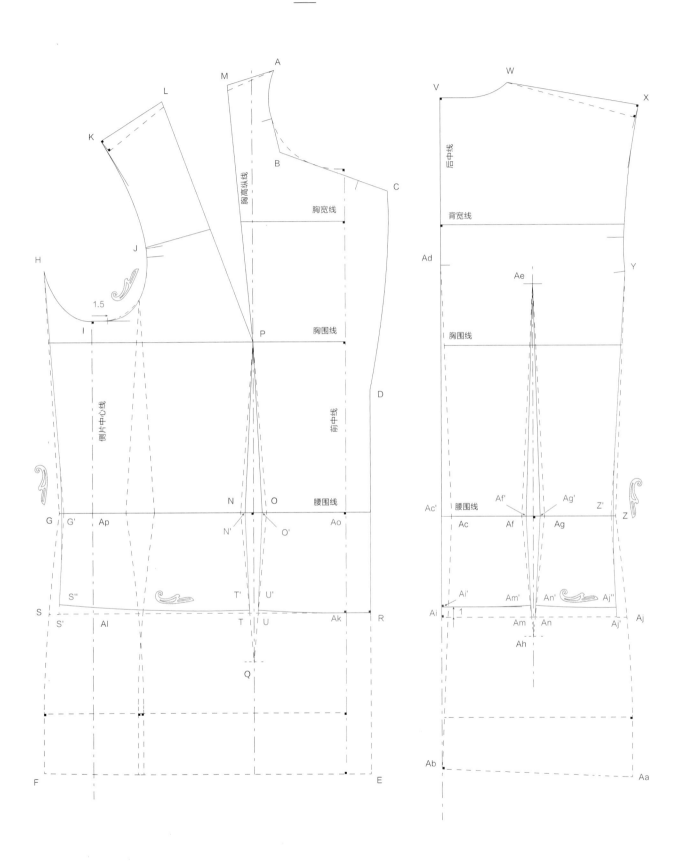

图5b

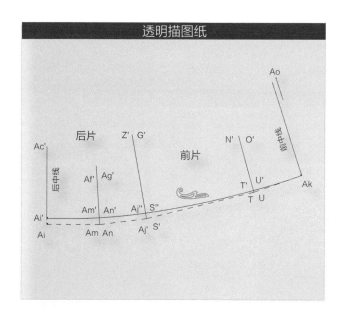

图5

1. 取消前片开缝（前片和侧片之间的开缝）之后，袖窿可能会略有变化，应调整袖窿弧线。本例中，前片袖窿弧线应调整得深一些，前片袖窿底部应保留1.5cm长的水平线。

2. 调整下摆线。

借助透明描图纸（图5b）拓描后中线（Ac'Ai）、下摆线直至后腰省第一省边（AmAf'）。将第一省边与第二省边（AnAg'）重合，然后继续拓描下摆线直至后片开缝（Z'Aj'）。将后片开缝移至与前片开缝（G'S'）重合，然后继续拓描下摆线直至前腰省第二省边（TN'）。

将前腰省第二省边（TN'）移至与第一省边（UO'）重合，继续拓描下摆线直至前中线（AkAo）。

3. 用直线连接透明描图纸上所有的点。

4. 在后中线上，将Ai点上移1cm，从而确定最终的下摆位置（Ai'点）。在该点画一个直角，然后借助曲线板，尽可能均匀平滑地绘制下摆弧线。

将透明绘图纸置于纸样之上，使前中线相互重合，用锥子标记下摆弧线的变化，并将其拓描至纸样上。打开省道，将第一省边移至与第二省边重合，继续标记并拓描下摆弧线的变化。

移至后片，使后中线相互重合，用锥子标记下摆弧线的变化，并将其拓描至纸样上。打开省道，将第一省边移至与第二省边重合，继续标记并拓描下摆弧线的变化。

完成后，重新将纸样上的下摆弧线绘制完整。由此得到U'点、T'点、S"点、Aj'点、An'点、Am'点、Ai'点。

5. 画顺腰围线上Z'点和G'点处形成的转角线条。

该样板的前后片尺寸不再平衡了。一部分原因是前片由于取消了开缝量而增加了3cm的腰围尺寸，同时，后片由于取消了后中省而增加了1cm的腰围尺寸。

下摆尺寸以侧缝（基础样板的侧片中心线）为前后片分界线：

– 基础样板的后片下摆宽度为23cm，新样板后片下摆宽度为：9.4+（9.1−1）+（4.5−1）=21cm。

– 基础样板的前片下摆宽度为25cm，新样板前片下摆宽度为：9+16=25cm。

即前片增2cm，后片减2cm。

腰围尺寸（以侧片中心线为前后片分界线）：

– 基础样板的后片腰围为18.25cm，新样板后片腰围为：8.5+（7.5+1−0.5）+（3.25−0.5）=19.25cm。

– 基础样板的前片腰围为23.25cm（取消开缝量），新样板后片腰围为：8.15+15.1+1=24.25cm。

该款短上衣在穿着时外形较直，后片比前片的收腰效果更明显一些。

因为前片和后片侧缝处各减少了0.5cm（总共1cm），由此产生了前片增2.5cm，后片减2.5cm的调整量。

如果去掉后中腰省的1cm省量，则后片腰围为：19.25−1=18.25cm。如果再加上前片和后片侧缝处去掉的0.5cm，则后片腰围为：18.25+1=19.25cm。

如果在前片重新设置省道，其省量与原先分离前片和侧片的开缝量大小一致（3cm），则可以得到前片腰围为：24.25−3=21.25cm。

由此得到基础样板前后片尺寸的调整量，即前片增1cm，后片减1cm。

图6

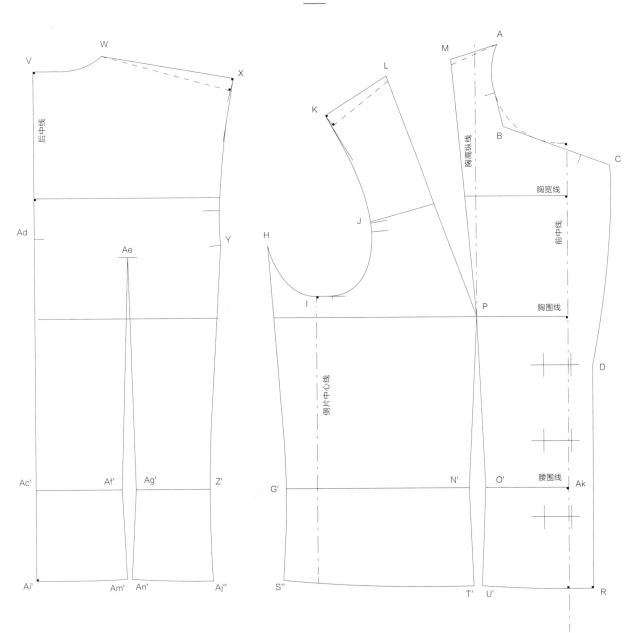

图6

一片半式短西装的最终样板。

公主线合体西装

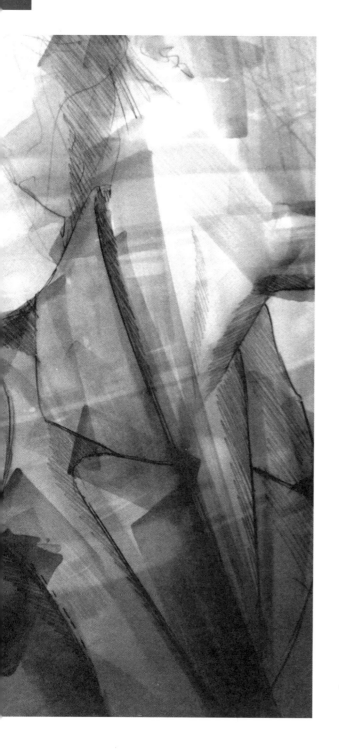

这款西装的公主线是通过将肩省转移至袖窿处形成的,将西装衣身基础样板前片上原有的两个省道分为两个部分。腰省被保留下来,用于分离前片和前侧片。如款式图中所示,公主线的造型大多为弧线。这款西装样板由五个部分组成:前片、前侧片、侧片、后侧片和后片。

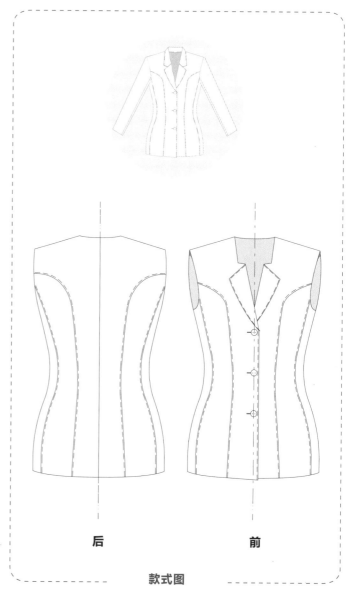

后　　　　　　**前**

款式图

前片制板

图1
<u>图1</u>

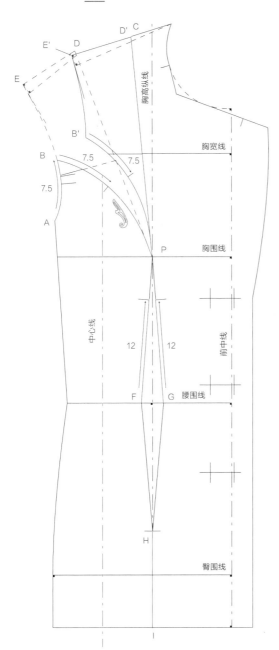

图1b
<u>图1b</u>

透明描图纸

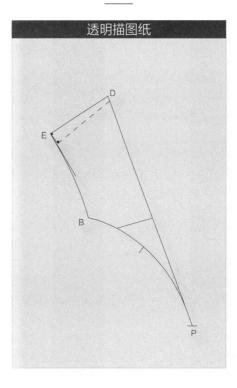

━━━

图1

1. 绘制西装衣身基础样板的前片，根据款式风格设置公主线。本例中，从侧缝顶点（A点）沿袖窿弧线向上取7.5cm，得到B点。借助曲线板绘制公主线，使这条弧线与肩省的第二省边相切。

2. 借助透明描图纸（图1b）拓描一部分样板（BEDP）。

3. 以P点为圆心旋转透明描图纸闭合肩省，使第二省边（DP）与绘图纸上的第一省边（CP）重合，将透明描图纸上的部分

样板（BEDP）拓描至绘图纸上，由此得到D'点、E'点、B'点。

4. 公主线的弧线（B'P）与肩省第一省边相切。

5. 在公主线上设置车缝对位刀眼，以免缝合时出现变形。分别在B点和B'点下方7.5cm处、腰围线上的F点和G点上方12cm处设置刀眼。

6. 如图所示，在分离前片与前侧片之前，在前侧片上绘制中心线。HI代表腰省的中心线，可以在此分离前片和前侧片。

图2

图3

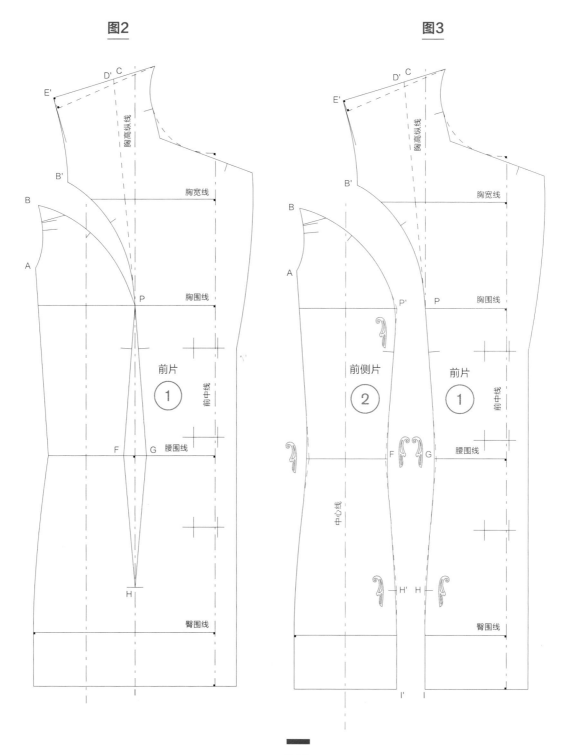

图2

前片和前侧片分离前的样板。

图3

1. 另取一张绘图纸, 在纸上画一条垂直线作为中心线, 画一条水平线代表胸围线。将前侧片中心线置于新中心线上, 重新绘制前侧片 (BP'FH'I'A)。

2. 分别画顺胸高点 (P'点)、腰围线 (F点、G点) 和腰省底部 (H点、H'点) 的转角线条。

后片制板

图4

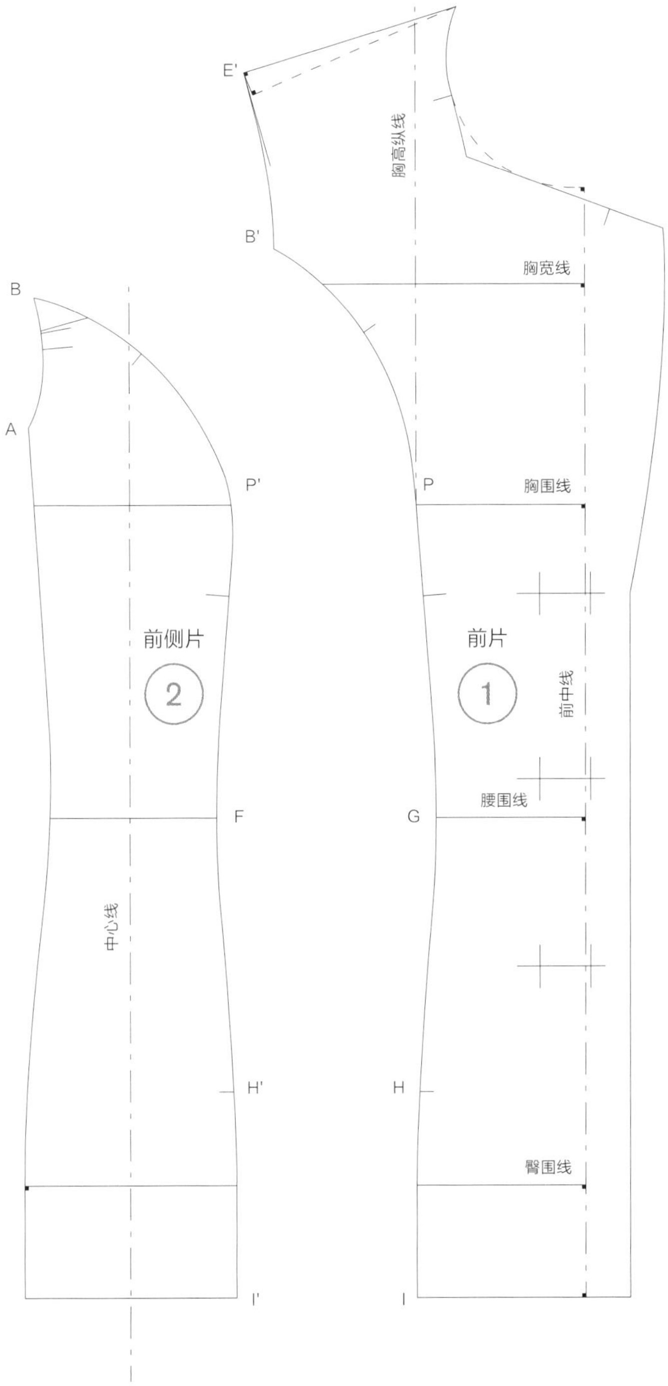
E'
胸高纵线
B'
胸宽线
B
A
P'
P
胸围线
前侧片
2
前片
1
前中线
F
G
腰围线
中心线
H'
H
臀围线
I'
I

图5

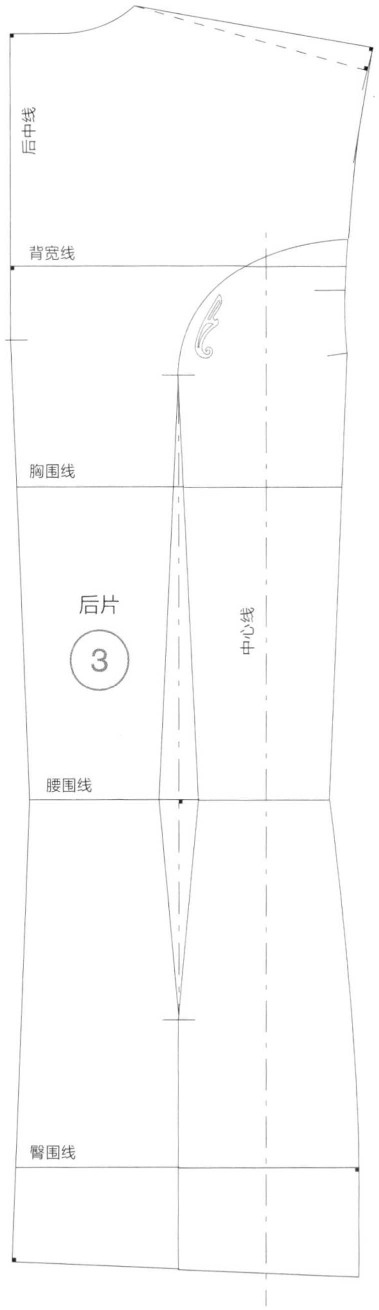
后中线
背宽线
胸围线
后片
3
中心线
腰围线
臀围线

图4

公主线合体西装前片最终样板。

图5

后片公主线可以在没有肩胛省、只有后肩吃势量的西装衣身基础样板上进行制板。只需借助曲线板绘制公主线，将后片和后侧片分开即可。

图6 图7

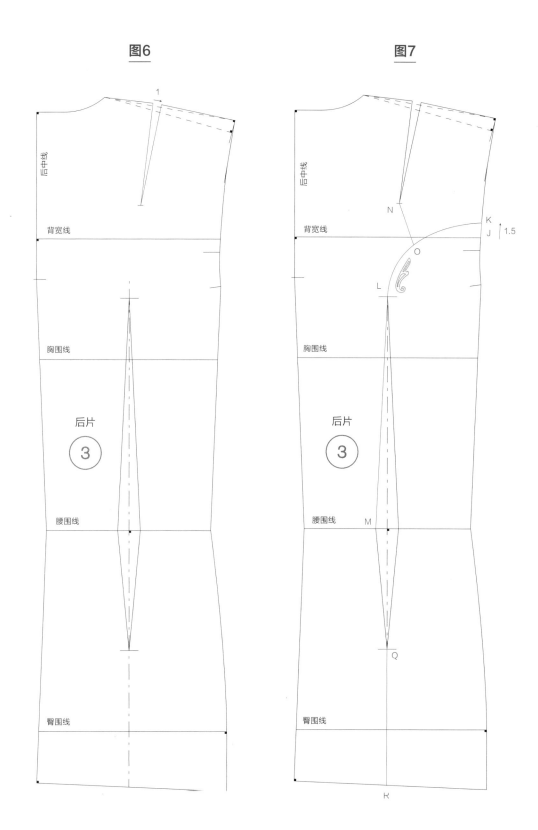

图6

也可以在带有肩胛省的西装衣身基础样板上绘制后片公主线。
本例中，肩胛省的1cm省量将转移至公主线处。

图7

1. 保留腰省, 用于分离后片和后侧片。

2. 根据款式风格设置公主线。本例中, 从背宽线 (J点) 沿袖窿弧线向上取1.5cm, 得到K点。借助曲线板, 从K点起绘制弧线, 直至腰省顶部 (L点)。

这条弧线必须与腰省第一省边 (LM) 连接起来。用直线将肩胛省的省尖 (N点) 连接至公主线 (O点), 尽量使这条直线与弧线保持垂直。

3. QR代表腰省的中心线, 后片和后侧片在此处分离为两个裁片。

图8b

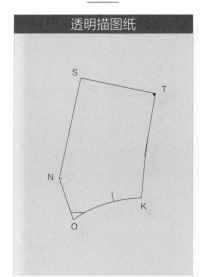

透明描图纸

图8

1. 借助透明描图纸 (图8b) 拓描一部分样板 (KONST)。

2. 以N点为圆心旋转透明描图纸闭合肩胛省, 使第二省边 (NS) 与绘图纸上的第一省边 (NU) 重合, 然后将移动后的样板用锥子标记并拓描至绘图纸上, 由此得到O'点、K'点、T'点、S'点。

3. 在分离后片与后侧片之前, 在后侧片上画一条中心线。

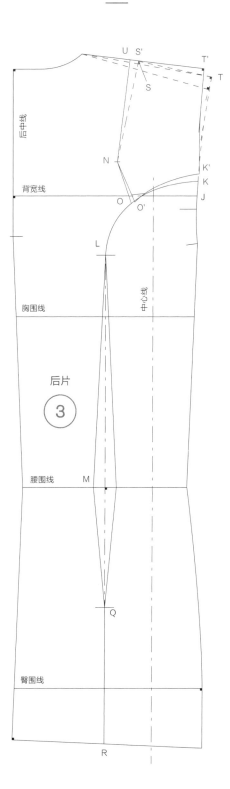

分离后片与后侧片的两种方法

图9

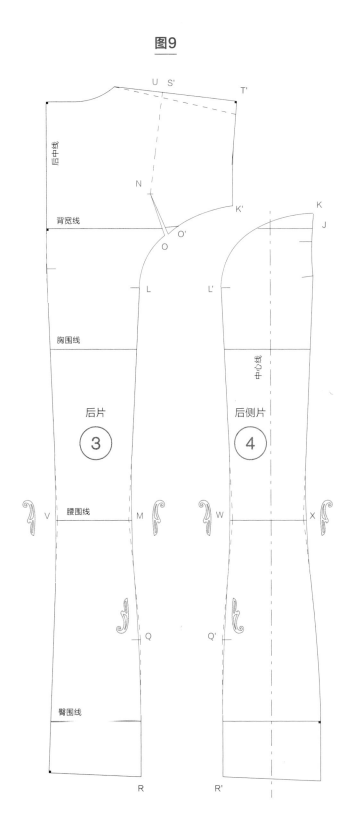

图9

第一种方法

1. 闭合肩胛省后，O点和O'点中间出现了一个空隙。根据设计需求，可以保留这个小省道，直至样板绘制完成。

2. 画顺腰围线（V点、M点、W点、X点）、腰省底部（Q点、Q'点）以及后中省顶部的转角线条。

图10

第二种方法

1. 去掉因闭合肩胛省而产生的小省道，将其转化为吃势量。

2. 借助曲线板，连接腰省顶部（L点）至K'点。

重点在于弧线的圆顺，无需强求其经过O点、O'点。

在公主线上设置车缝对位刀眼，以免缝合时出现变形，同时也便于在弧线的上部（LK'）设置吃势量。

这个吃势量是因为肩胛省的省量转移至公主线而产生的。

分别在K点、K'点下方3cm处，以及L点、L'点处设置刀眼。

图10

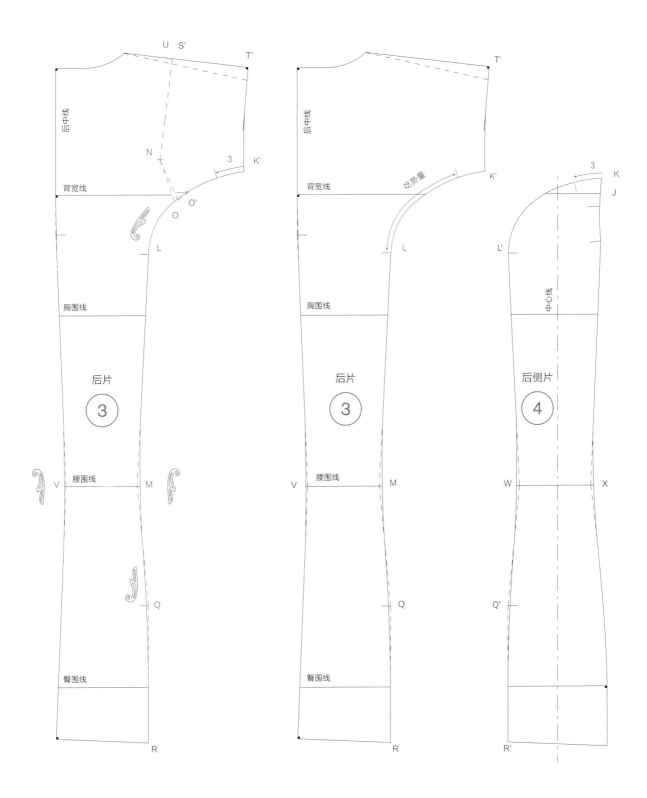

图11

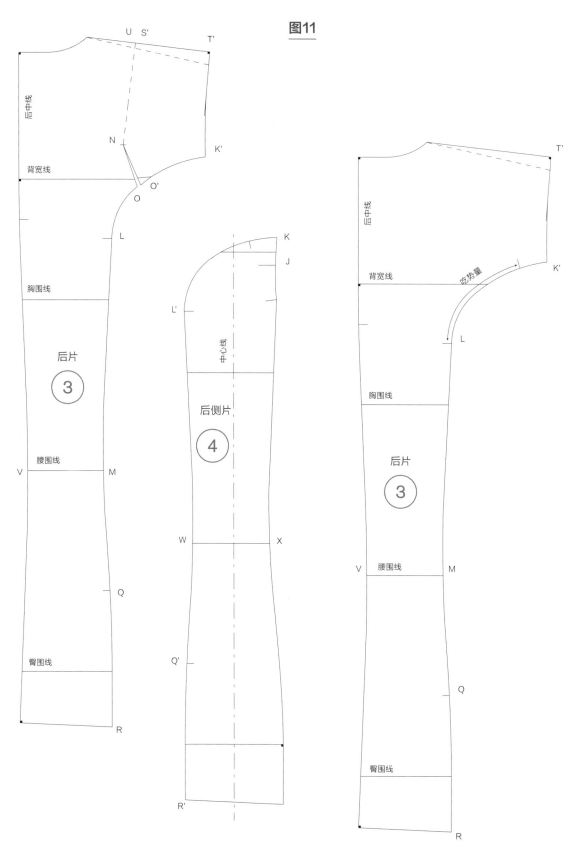

图11

公主线合体西装后侧片及两种方法处理的后片最终样板。

图12

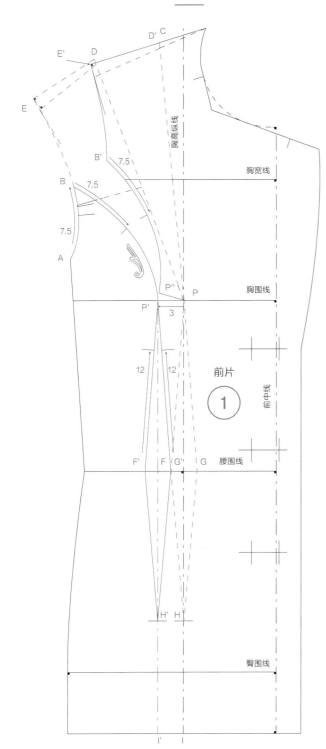

图12b

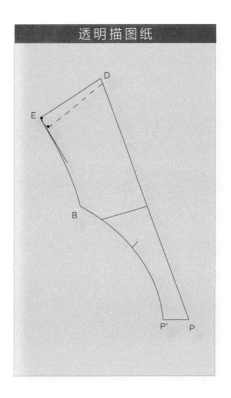

透明描图纸

图12

1. 根据款式风格，可以将胸高点向侧缝处平移大约3cm，这样可以使服装胸部形成更为圆润的外观效果。

注意：胸高点移动距离不宜太多，以免乳间距过大。

2. 与之前所述的将公主线设置在基础样板胸高点位置的操作步骤相同，将腰省向侧缝处平移3cm，然后设置公主线。

3. 借助透明描图纸（图12b）闭合肩省，使第二省边（DP）与第一省边（CP）重合，从而得到P″点、B′点、E′点、D′点。

图13

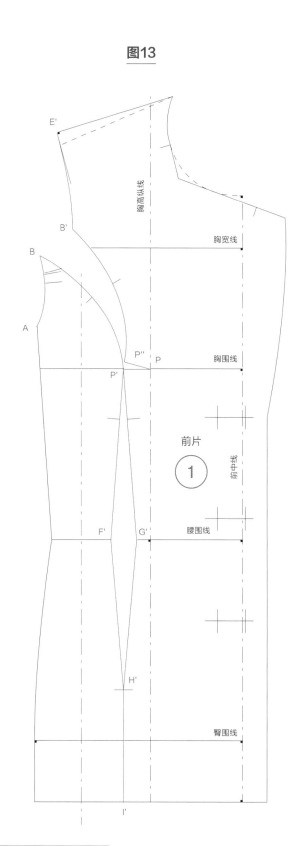

图13

将腰省平移后，在P点和P''点之间出现了一个小省道，需将其
转化为吃势量。

分离前片和前侧片前，在前侧片上画一条中心线。

图14

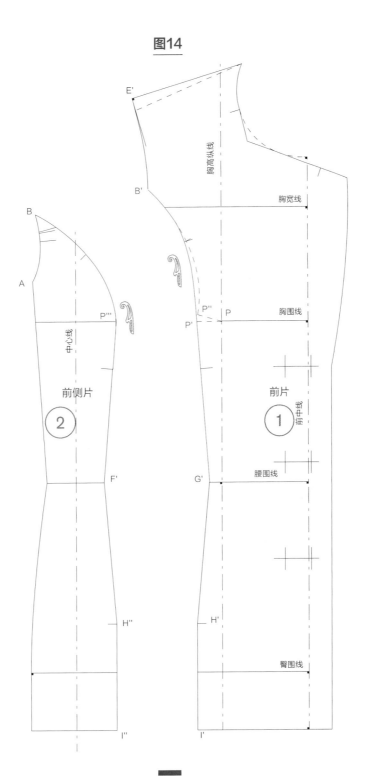

胸高纵线

E'

B' 胸宽线

B

A

P''' 中心线

P'' P 胸围线

P'

前侧片

②

前片

①

前中线

F'

G' 腰围线

H'' H'

I'' I' 臀围线

图14

1. 分离前片和前侧片。借助曲线板，画顺B'点和P'点之间的弧线，从而去掉省道（P'P''）。

2. 车缝前，可以通过熨烫归拢前片上车缝刀眼之间的吃势量。

3. 如有必要，将P'''点处出现的转角线条画顺。

不要忘记画顺腰围线和腰省底部（H'点、H''点）的转角线条。

一片式有袋西装

这款西装以西装衣身基础样板的前片为基础进行制板，通过口袋开缝转移省量，形成一片式有袋西装。

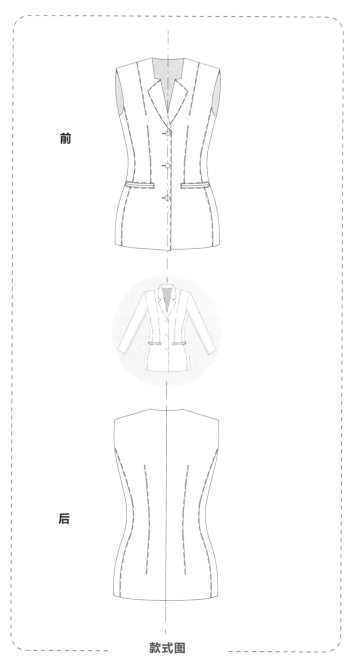

前

后

款式图

图1

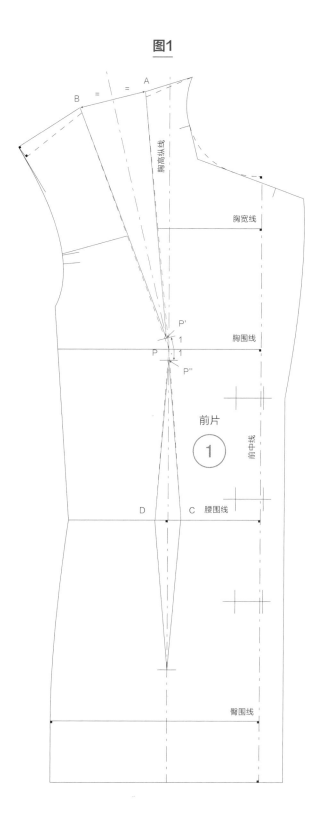

图1中的标注：胸高纵线、胸宽线、胸围线、前片①、前中线、腰围线、臀围线，以及点 A、B、P'、P、P''、D、C

图1

1. 根据一片式有袋西装的款式设计，前片肩省和腰省的省尖应与胸高点（P点）保持1cm的距离。这个数值可以根据个人体型而上下浮动。*省尖不宜设置在胸高点（P点）。*

2. 分别取AB、CD的中点，确定肩省和腰省的角平分线。

– 对于肩省，从P点沿着角平分线上移1cm（P'点），并重新绘制省道，连接至省道的端点（A点、B点）。

– 对于腰省，从P点沿着角平分线下移1cm（P''点），并重新绘制省道，连接至腰围线上的两点（C点、D点）。

图2b

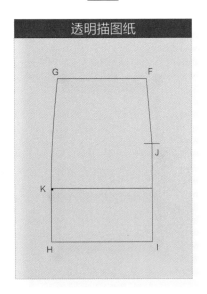

透明描图纸

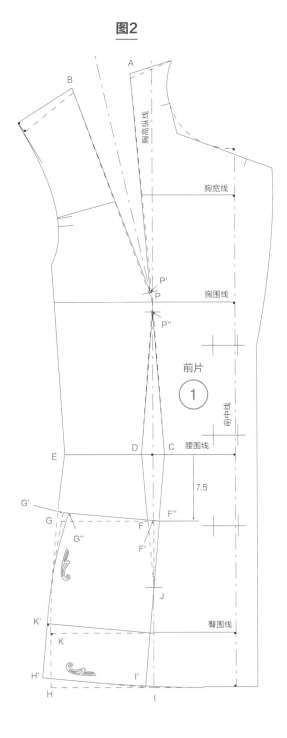

图2

图2

1. 本例中的口袋为嵌线袋,需创建一条开缝来设置口袋。可以稍微减短口袋以下部分的尺寸,并通过旋转这个部分闭合腰省底部的一部分省量。

2. 根据设计确定口袋的位置。本例中,将口袋设置在腰围线(DE)下方7.5cm处的水平线上,由此得到F点、G点。

3. 为了能够实现腰省底部的旋转,借助透明描图纸(图2b)拓描样板前片口袋以下的部分(FGKHIJ),将透明描图纸上的腰省底部J点固定在绘图纸上的J点。

4. 由于受到嵌线袋的开口所限,制板时只能转移一半腰省量,以免使G点偏移太多。本例为双嵌线袋,每个嵌条宽度为1cm。*如果是单嵌线袋,则嵌条宽度为2cm。*

以J点为圆心旋转透明描图纸(图2b),闭合腰省底部的一半省量,使部分省边(FJ)移位至胸高纵线上,得到F'G'K'H'I'。

5. 另一半腰省量保留下来了,可以直接删除这部分省道,将这一半省量转移至侧缝处。即从F'点,将袋口线(G'F')向右延伸至腰省第一省边(F''点),再从G'点沿着袋口线向右,取F'F''相等的距离(G''点),从而去掉一半省量。

然后用曲线连接G''点和K'点,画顺侧缝曲线即可。

借助曲线板,将下摆线上I点和I'点处形成的转角线条画顺。

图3

图4

完成转换后的最终样板。

注意: 这种类型的转换不适用于条纹或方格面料。因为在拼缝的时候, 两条省边的条格图形很难完全对齐。口袋处也是一样的情况, 口袋上方的图案与FG垂直, 而F"G"处的图案则会稍微倾斜 (尽管此处图案的错位不太明显)。

图4

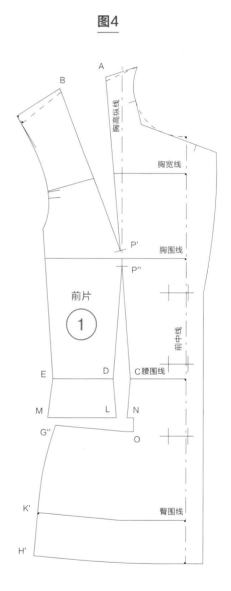

图3

1. 不要忘记留出拼缝口袋时所需的缝份。在口袋下缘 (FG) 上方2cm处画一条平行线, 由此得到口袋的上缘 (LM), 留出了嵌线条的宽度 (2×1cm)。LM和G"点之间需要预留一点距离 (至少1cm), 以便设置缝份。

如果需要在LM和G"点之间预留更多空间以便设置缝份, 可以将一部分肩省省量转移至口袋开缝 (LM) 处。

2. 口袋的起始端最好设置在腰省第一省边右侧1cm处, 由此得到O点、N点。

根据口袋所需的开口长度 (比如15cm), 口袋的另一端将位于侧片上, 因为OG"的长度不足15cm。

两片式有袋西装

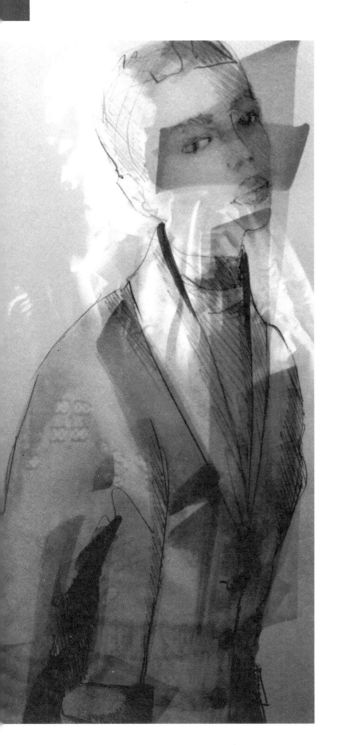

该款式以西装衣身基础样板的前片为基础进行制板，口袋上方的肩省和腰省保持不变。

口袋设置在腰围线下方，前侧片与前片在口袋的开缝处分离成两个裁片。

为了能够转移省量，需确定口袋的位置，以便准确设置开缝，完成样板。

后　　　　前

款式图

图1

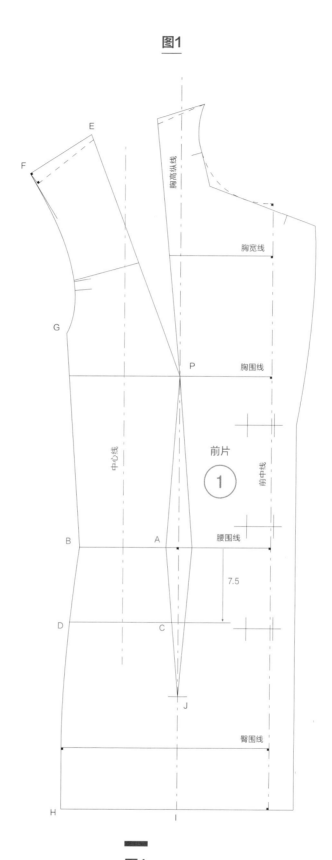

图1

本例中，将口袋设置在腰围线（AB）下方7.5cm处的水平线上，由此得到前侧片的开缝（CD）。

在分离前侧片和前片之前，在前侧片上设置一条中心线。

图2

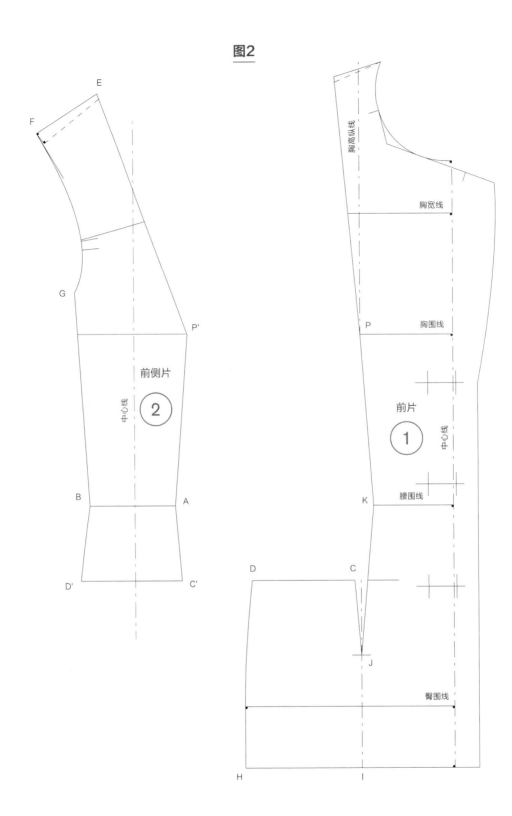

胸高纵线

胸宽线

胸围线

前片

中心线

①

腰围线

臀围线

中心线

前侧片

②

图2

在绘图纸上画一条垂直线作为中心线，画一条水平线代表
胸围线。

将前侧片中心线置于新的中心线上，重新绘制前侧片
（AC'D'BGFEP'）。

图3

图4

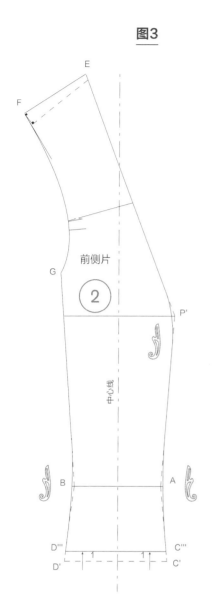

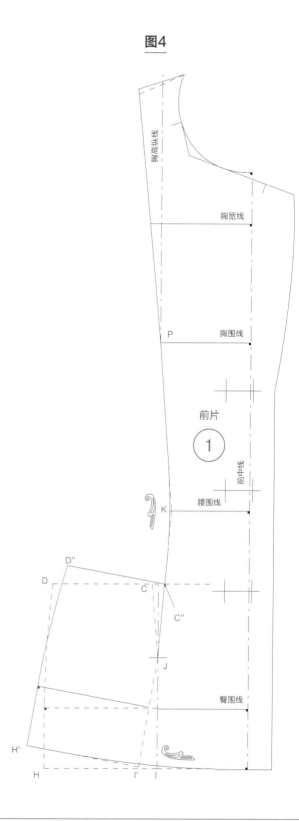

图3

1. 画顺胸高点（P'点）和腰围线（A点、B点）处的转角线条。

2. 为了缝制口袋，前侧片需要去掉一小部分，比如将口袋上缘（C'D'）上移1cm，留出嵌线条的宽度，由此得到C'''点和D'''点。

图4

1. 借助透明描图纸（图4b）拓描前片口袋以下部分（CDHIJ）。

2. 将透明描图纸置于绘图纸上，以腰省底部（J点）为圆心旋转闭合腰省，然后将透明描图纸上移动后的样板轮廓（C''D''H'I'）拓描至绘图纸上。

3. 在以J点为圆心旋转闭合省道时，I点也相应移动，使得前片的下摆变宽了。借助曲线板绘制下摆线，画顺I点和腰围线（K点）处形成的转角线条。

图4b

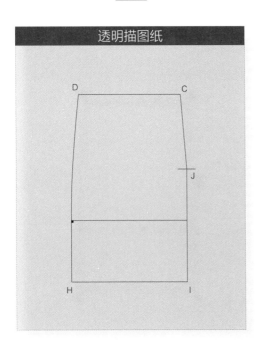

图5

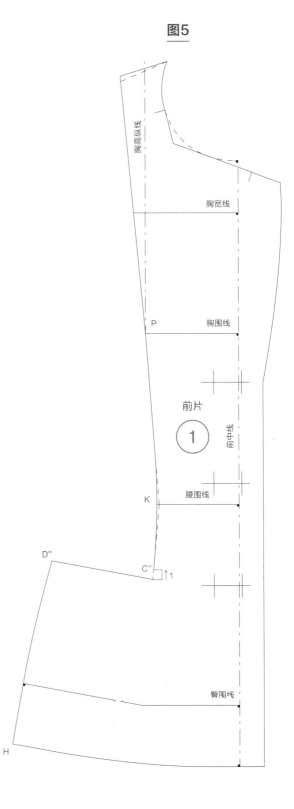

图5

口袋的起始端可以设置在距离腰省和前侧片开缝的交点（C″点）右侧1cm处。此处至少预留1cm高度。

根据口袋所需的开口长度（比如15cm），口袋的另一端有可能位于侧片上，因为C″D″的长度不足15cm。

注意：这种类型的转换不适用于条纹或方格面料。因为在拼缝的时候，两条省边的条格图形很难完全对齐。口袋处也是一样的情况，口袋上方的图案与CD垂直，而C″D″处的图案则会稍微倾斜（尽管此处图案的错位不太明显）。

图6

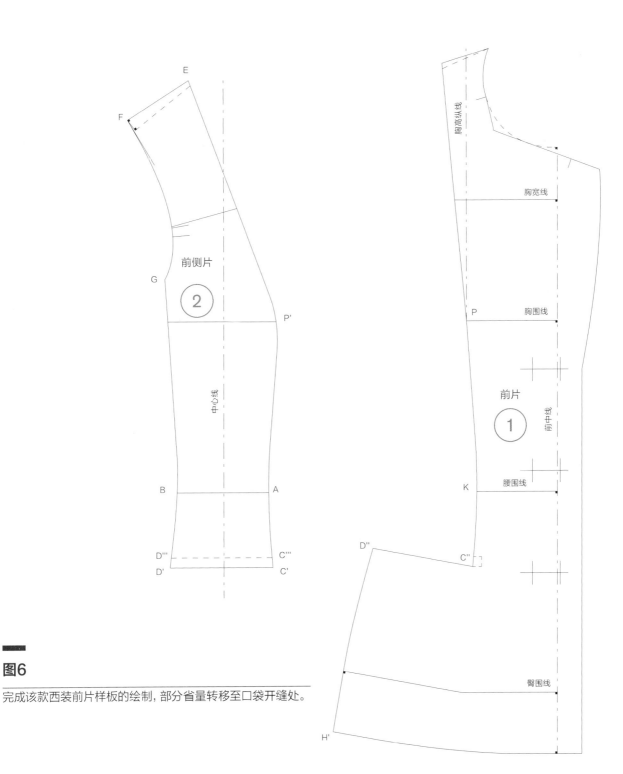

图6

完成该款西装前片样板的绘制，部分省量转移至口袋开缝处。

无肩省有袋西装

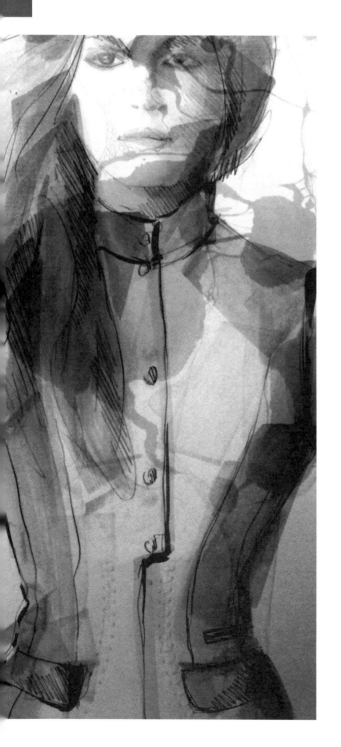

完成西装衣身基础样板的绘制后，可以通过省道旋转的方式改变省道方向，对西装进行各种转换，从而创造出不同风格、尺寸和款式。

本例中，通过旋转去除肩省，并将其省量转移至腰围线下的水平开缝处，以便随后设置口袋。在转换过程中，腰省保持不变，使款型更合体。

后　　　　　　前

款式图

图1

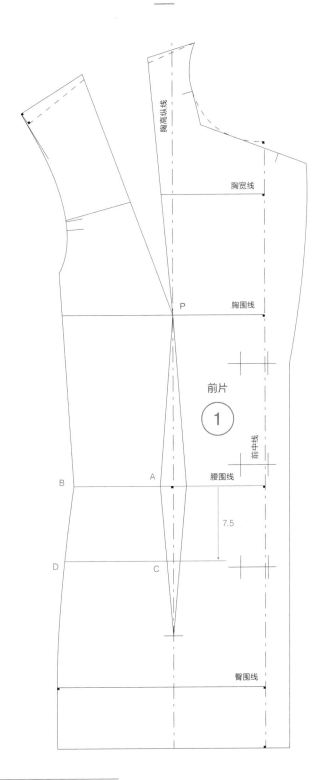

图中标注：

胸高纵线

胸宽线

胸围线　P

前片

①

前中线

腰围线　A

B

7.5

D　　C

臀围线

图1

1. 为了能够转移省量，需确定口袋的位置，以便准确设置开缝。

2. 本例中，将口袋设置在腰围线（AB）下方7.5cm处的水平线上，由此得到前侧片的开缝（CD）。

图2

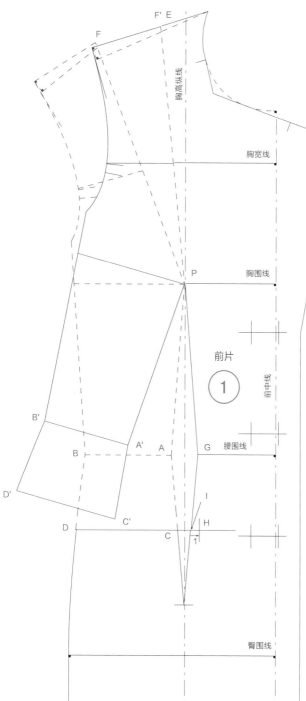

前片

① 前中线

胸高纵线
胸宽线
胸围线
腰围线
臀围线

图2b

透明描图纸

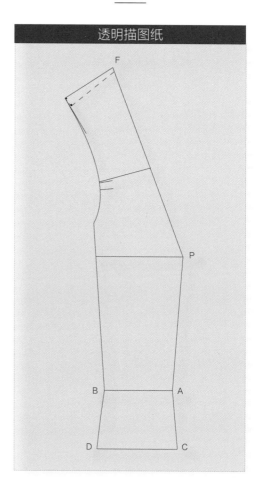

图2

1. 借助透明描图纸（图2b）拓描前侧片（FPACDB），然后以P点为圆心旋转闭合肩省，使透明描图纸上的F点与绘图纸上第一省边的E点重合，在绘图纸上完成前侧片的绘制。基础样板上的ACDBF移至A'C'D'B'F'。

注意：开缝上方的腰省量（C'I）增加了，而开缝下方的省量（CI）则保持了初始大小。

2. 口袋的起始端最好与腰省保持一点距离，因为在同一个部位既要缝合省道又要缝合口袋需要比较高的技巧。

本例中，将口袋的起始端设置在前片腰省旁，距离第一省边上的I点1cm，由此得到H点。

根据口袋所需的开口长度（比如15cm），口袋的另一端有可能位于侧片上，因为HD的长度不足15cm。

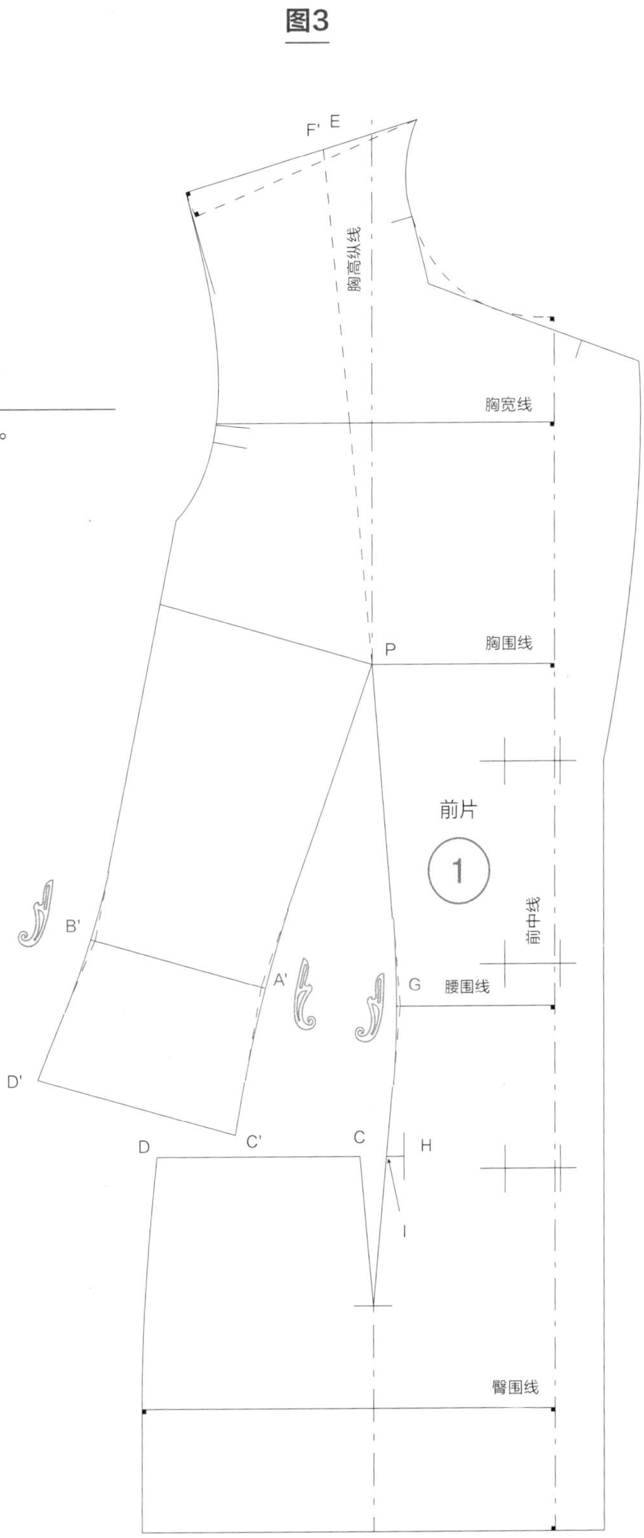

图3

图3

画顺腰围线（B'点、A'点、G点）处形成的转角线条。

F' E

胸高纵线

胸宽线

胸围线

P

前片

①

前中线

G 腰围线

B'

A'

D'

D C' C H

I

臀围线

图4

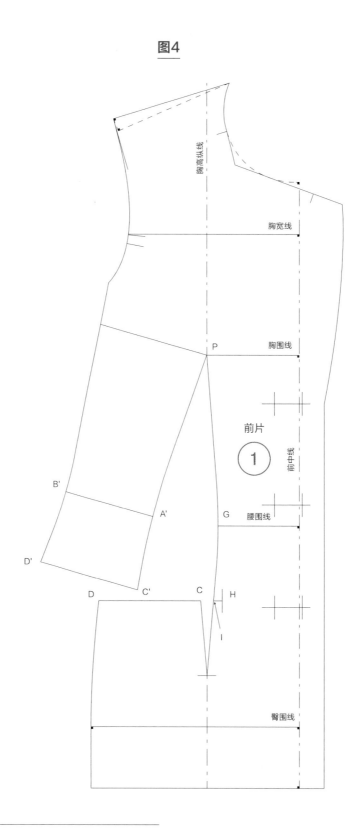

胸高纵线

胸宽线

胸围线

P

前片

①

前中线

G 腰围线

B'

A'

D'

D C' C H

I

臀围线

图4

完成最终样板的绘制。

图5

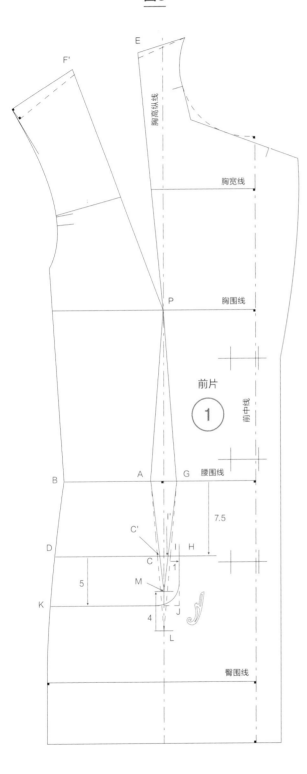

图5

1. 如果准备制作有袋盖的口袋,则有必要缩短腰省的长度,从而使省道隐藏在袋盖下面。

2. 先确定袋盖的尺寸。在口袋开口(HD)处下方(至少)5cm处的水平线上得到J点、K点。

再借助曲线板画顺J点处的转角线条,从而完成袋盖起始端的绘制。然后,将腰省底部(L点)上移。

本例中,将L点上移4cm,从而得到新的省尖(M点)。重新绘制两条省边(AM和GM),并与口袋开口相交于C'点、I'点。

3. 如前文所述,可以用同样的步骤旋转闭合肩省,将省量转移至腰省。

注意:这种类型的转换不适用于条纹或方格面料。因为在拼缝的时候,两条省边的条格图形很难完全对齐。由于前侧片发生位移,裁剪时面料的丝缕方向会略微倾斜。在拼接过程中,应该注意避免拼缝处出现变形,这一点很重要。

2

西装衣领

西装衣领基础样板

制板时，要记住西装衣领样板包括底领和领面两个部分，底领部分通常沿斜丝缕方向裁剪，后中处有拼缝；领面则与之不同，需要沿直丝缕方向裁剪，且后中没有拼缝。

制板之前，需要确定这款衣领的安装位置，即与哪个款式的西装领围线相配。本例基于西装衣身基础样板进行制板，与短上衣基础样板相比，西装衣身基础样板领围尺寸已经放大了。

与短上衣基础样板领围线相比，西装衣身基础样板的半领宽增大了1cm，前领深降低了3cm，基础样板的后片领围线没有变化。如果设计需要，也可以在基础样板的后中线处，将后领深略微降低。

绘制完成衣身领围线之后，需要设置叠门量，并精确定位衣领的起始位置。本例中，在前中线上，取胸围线下方5cm（A点），向右绘制一条水平线，然后在水平线上取2.5cm（A'点），向下绘制一条垂线，对应叠门位置。

前

后

款式图

图1

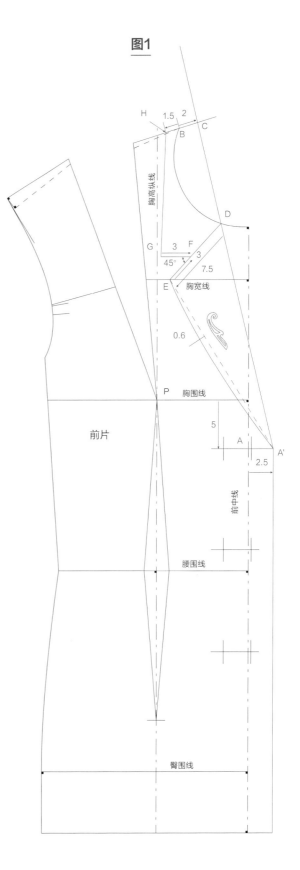

图1

设置西装领的翻折线

1. 从西装颈侧点（B点）向右，将肩斜线（垫肩斜线）延长2cm至C点，C点对应西装翻折线与肩斜线的交点。

用直线连接西装领底部翻折点（A'点）和C点，并将其延伸至C点上方，如图所示。这条线（A'C）代表西装领的翻折线。

2. 根据期望的风格确定领型。本例为一款带驳头的西装领。样板上，领串口与领围线和翻折线的交点（D点）之间应保持一定距离，以便衣片的拼缝。

3. 确定串口线（DE）的倾斜度和长度。本例按照常规，将串口线设置在胸宽线上的E点与D点之间，其长度为7.5cm。

用直线连接E点和A'点，然后在EA'长度的1/3处向下作垂线，在垂线上取0.6cm，如图所示，将驳领边缘绘制成弧线。

E点和A'点之间必须绘制成弧线而不是直线，否则驳领有可能会向内翻卷且不伏贴，从而影响美观。

4. 从E点向上，在串口线上取3cm，得到F点。

在F点左侧绘制一段直线，使其与串口线之间的夹角为45°，在直线上距离F点3cm处得到G点。

根据款式设计需求，这个夹角也可以取其他角度。

FG应该与EF的长度相同或者略短。从审美角度考虑，前者不宜比后者长。

5. 从颈侧点（B点）向下，在垫肩斜线上取1.5cm，得到H点。这是西装领制板的常规尺寸。用直线连接G点和H点。

图2

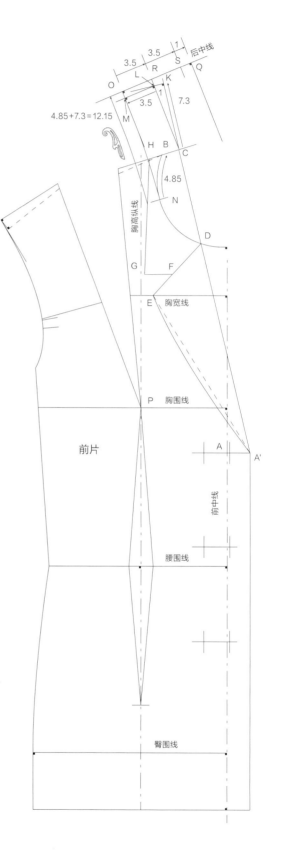

图2

1. 测量西装后片领围线(IJ)的长度。本例中,IJ=7.3cm。

在翻折线上,从C点向上取7.3cm,得到K点。

从K点向翻折线左侧作垂线,在垂线上取1cm,得到L点。用直线连接C点和L点。

从L点向CL左侧作垂线,根据款式风格设置领高,在垂线上取3.5cm,得到M点。

从M点向LM下方作垂线,以此作为衣领底部。

借助曲线板向M点下方绘制曲线,使其与M处的垂线相切,且与领围线相切于N点,如图所示。

曲线NM代表衣领底部与前、后片领围线的连接部分。

2. 衣领底部曲线的长度应为领围线底部至颈侧点的长度(NB=4.85cm)加上后片领围线的长度(IJ=7.3cm),即4.85+7.3=12.15cm。

从N点向上,在衣领底部曲线(NM)上取12.15cm,得到O点。

注意,这个长度超出之前设置的M点。这是合理的,因为在制板过程中,CK和MN这两条线向肩部倾斜,因此使后片领围线的长度缩短了。

3. O点决定了衣领后中线的位置。从O点向MO右侧作垂线,并在这条后中线上设置总领高。注意,这个高度应该包括领座和翻领部分的尺寸再加上翻折衣领以遮挡领围缝线所需的放松量。

本例中,总领高(OG)为8cm,其中包括领座部分(OR)3.5cm、翻领部分(RS)3.5cm,加上放松量(SQ)1cm。

从Q点向后中线下方作垂线,作为翻领部分的边缘线。

图3b

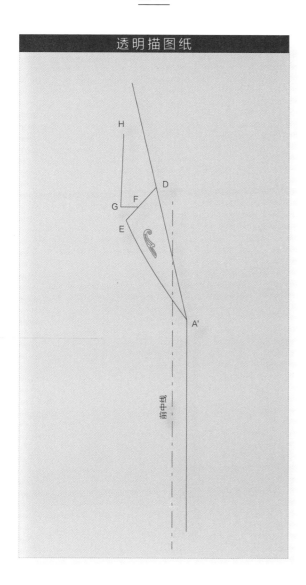

透明描图纸

H

D

F

G

E

A'

前中线

图3

图3

1. 在翻折线的右侧复制翻折线左侧已完成部分的衣领形状，可以借助透明描图纸拓描，也可以沿着翻折线将绘图纸对折进行复制。

2. 本例中，借助透明描图纸（图3b）拓描A'EDFGH部分，然后翻转透明描图纸，使翻折线与纸样上的翻折线重合，并将这部分衣领形状拓描至纸样上，得到E'点、F'点、G'点、H'点。

借助曲线板连接Q点和G'点，绘制衣领的外轮廓线。为了使领型更美观，绘制G'点处弧线时，曲线板放置方向应如图所示。

O L R S 后中线

M K Q

H B H'

C

胸高纵线 N

G F D G'

E 胸宽线 F' E'

P 胸围线

前片 A

A'

前中线

腰围线

臀围线

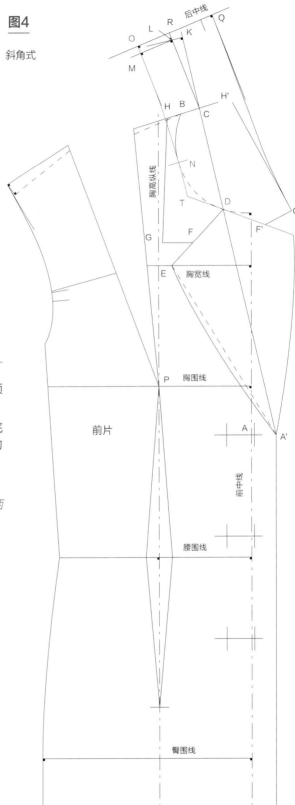

图4

斜角式

图4

两种绱领方法

1. 斜角式: 通常用于成衣工艺, 因为这种方法相对容易操作。如果采用这个方法绱领, 制板时可以在衣领下方设置一个领省, 或者减小肩的省量, 使领面更美观挺括。

制板时, 可以从D点向左延长串口线, 并向下延长位于衣领底部、与领围线相切的曲线ON。衣领底部曲线必须保持均匀平滑。

这两条延长线相交于T点, 确保衣领与衣身以斜角拼缝。

注意: 必须确保衣领拼缝后, T点位于衣领下方。如果拼缝在西装前片外露, 将会有损美观。

图4b

曲线式

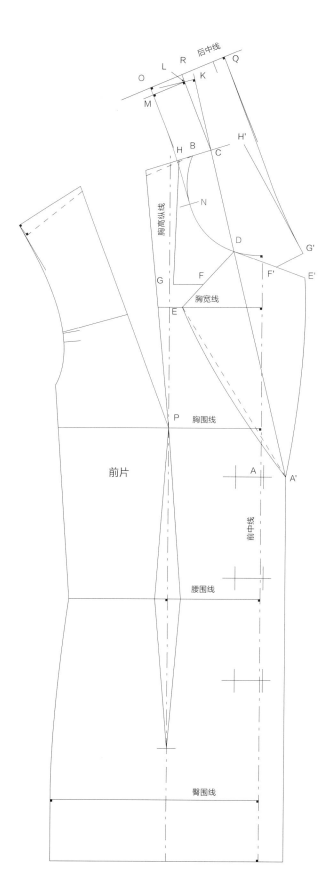

2. 曲线式: 顾名思义, 将装领线设置成曲线, 因此需沿斜丝缕方向绱领。这种绱领方法的工艺难度较高, 因为斜丝缕裁片很容易变形。

这种方法的原理是借助西装衣身基础样板的领围曲线来拼合衣领。检查领围线与串口线的连接是否均匀平滑。本例中, 领围线与串口线连接得十分平顺美观。

如果在D点处出现转角, 就应该调整并重新定位领围线, 使其与串口线相切且平顺地连接起来。

图5

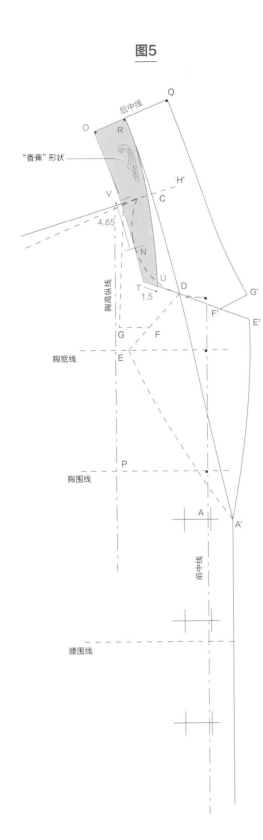

图5

1. 可以绘制一个"香蕉"形状，以便提高领座强度。本例在斜角式绱领方法的底领上绘制"香蕉"形状。*当然，也可以在曲线式绱领方法的底领上绘制这个形状。*

2. 借助曲线板绘制曲线，将后中线上的领座最高点（R点）与T点右侧1.5cm处（U点）连接起来。

注意：这个"香蕉"部分应保持形状圆润流畅、线条顺滑均匀，以免使翻领和翻折线过于紧绷。如有必要，可以降低领座（R点）的高度，使其略低于翻折线。

3. 在垫肩斜线拼缝处设置肩缝对位刀眼，即N点上方4.85cm处（V点）。

图6

图7

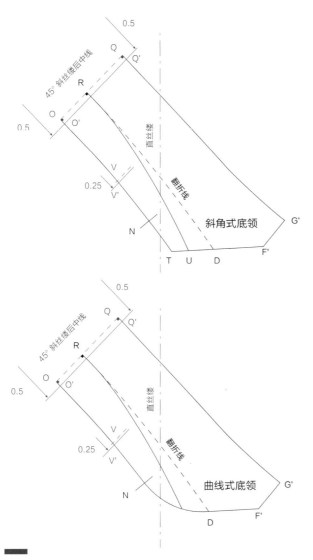

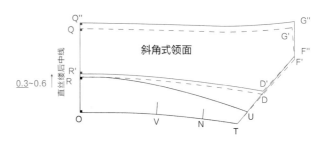

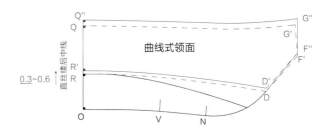

图6

将衣领与西装衣片分开

1. 重新绘制底领（斜角式或曲线式绱领方法任选其一），并将后中线设置为45°斜丝缕。

2. 由于底领沿正斜丝缕方向裁剪，裁片很容易变形。为了修正这种现象，可以将底领的长度减短。为此，按照惯例，将后中线（OQ）向内收0.5cm，重新绘制一条后中线（O'Q'）。

3. 将V点处的刀眼下移0.25cm，使底领在车缝时与衣身上相应部位的尺寸相符。

图7

领面制板

1. 和底领不同，领面是沿直丝缕（后中线）方向裁剪的，后中处（对折）没有拼缝。

制板时，先按照底领的外轮廓线绘制纸样，并将后中线设置为直丝缕。任选一种绱领方法，斜角式或曲线式均可。由于领面沿直丝缕方向裁剪，因此不需要像底领一样将长度减短0.5cm。

然后在"香蕉"形状与后中线的相交点，即距离领底3.5cm处的R点，绘制翻折线。*"香蕉"形状延伸至后中线，即领座的高度。* 领面的改动分为两步：翻折线部分和翻领外口部分。

2. 借助透明描图纸（图7b）拓描翻领部分QG'F'DR。在G'点、Q点处向外加放0.2~0.5cm，具体尺寸根据面料而定（精纺薄料0.2cm，粗纺厚料0.5cm）。本例中，向外加放0.2cm。

与基础轮廓线（QG'）保持平行，重新绘制加放尺寸后的轮廓线（Q''G''）。在G'点处同样向右加放0.2cm（G''点），并与F'点连接起来。

3. 处理翻折线部分时，将领座上缘线（RD）向上抬高 0.3~0.6cm。记住，根据面料厚度确定需要抬高的具体尺寸，面料越厚，这个改动步骤越重要。

领座部分的形状如图所示，OR'D'UTNV为斜角式领座，OR'D'NV为曲线式领座。

4. 取透明描图纸（图7b），重新将其置于绘图纸上，与新的翻折线（R'D'）对齐，然后用锥子标记翻领部分RQ''G''F'D，由此得到新的领面。OQ''G''F''D'UTNV为斜角式领面，OQ''G''F'D'NV为曲线式领面。

由于领面尺寸比底领略大，完成后的衣领将更易翻折，不会因翻领外口部分上缩而造成底领外露，而且底领外口的拼缝也会被隐藏在领面下方，不会外露。

图7b

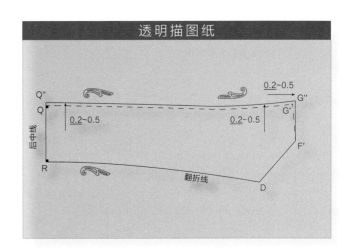

加放底领外口尺寸

图8

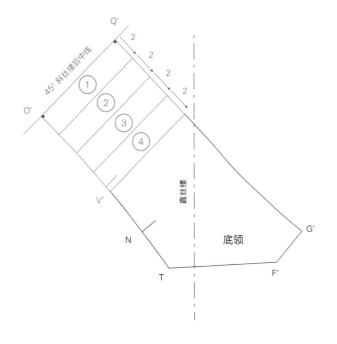

图8

1. 完成制板后，可能会发现衣领和颈部过于紧贴，在这种情况下，应加放底领外口尺寸。

为此，需要对斜丝缕的底领进行调整，注意，底领后中线处已经减去0.5cm，以抵消裁片出现的变形。另取一张绘图纸，重新绘制底领（以斜角式底领O'Q'G'F'TNV'为例）。*当然，也可以对曲线式底领进行改动。*

2. 在底领上，从后中线（O'Q'）到肩缝对位刀眼外侧一点的位置，以相同的间距画几条平行线，如图所示。本例中，将这个部分以2cm的宽度分成了四片。

这些裁片将有助于增加底领外口的长度。本例中，在裁片之间打开0.5cm的空隙，即总共放大2cm（0.5×4=2cm）。

这个数值取决于底领外口期望加放的尺寸。

3. 注意，在加放底领外口尺寸的过程中，不可改变领围线（O'T）的长度，以免给后续的绱领造成困难。

图9

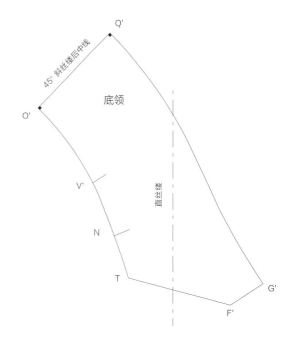

图10

图11

图9

先绘制①号片，后中线（O'Q'）处保持正斜丝缕不变。固定其底部，将②号片的上口向外打开0.5cm的距离，如图所示。然后绘制②号片。同理，将③号片和④号片都打开0.5cm的距离。底领的最后一个裁片也需要以相同的方式旋转打开0.5cm，置于④号片下方。定位好之后，绘制最后一个裁片。

图10

将所有裁片绘制完成之后，借助曲线板重新绘制底领的外口曲线。领围曲线可能也需要稍加调整。

绘制完成的曲线弧度取决于底领外口加放的尺寸。底领外口加放尺寸越大，曲线弧度越大。

图11

底领加放尺寸后的最终样板。

如果穿着时候衣领不太贴合颈部而显得太宽松，则可以通过缩减底领外口尺寸来达到合体目的（衣领和颈部之间的空隙太大会不太美观）。

与前文所述每片增加0.5cm相反，需要将每个裁片的尺寸减小，即裁片相互重叠，缩短底领外口曲线的长度。

图12

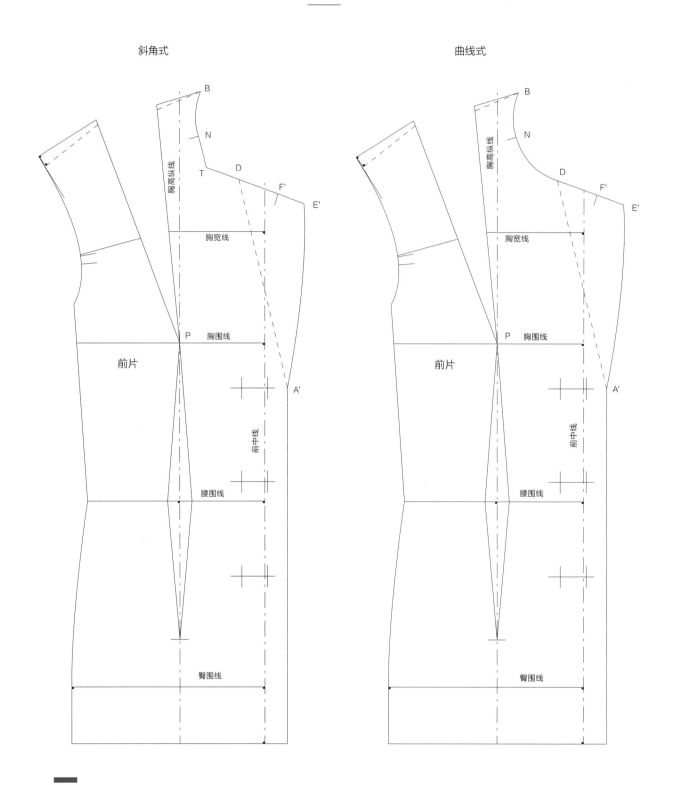

斜角式　　　　　　　　　　　　　曲线式

图12

带翻领西装前片的最终样板。

图13

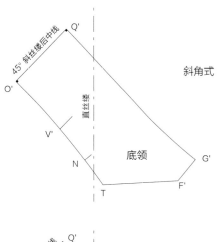

斜角式

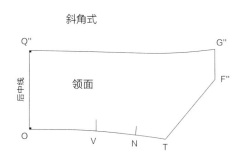

斜角式

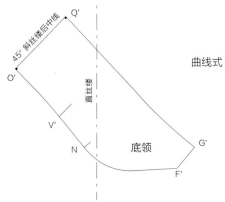

曲线式

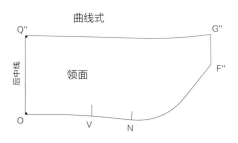

曲线式

图13

西装底领和领面的最终样板。

115

设置领省

确定了西装领的形状后，可以通过在领口下方设置一个省道，从而使翻折线微微弯曲。

该省道平行于翻折线。

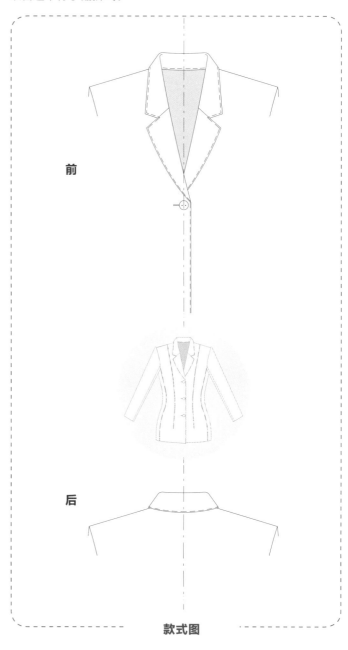

前

后

款式图

图1

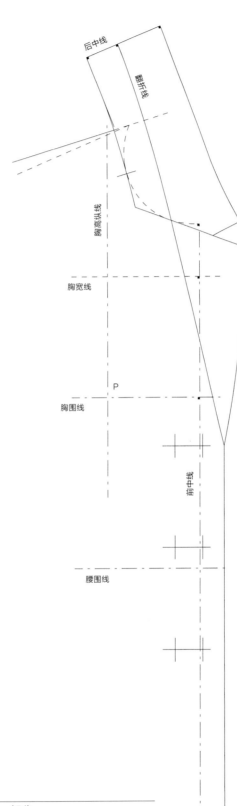

后中线

翻折线

胸高纵线

胸宽线

P

胸围线

前中线

腰围线

图1

绘制西装衣领以及衣身前片的一部分。

图2

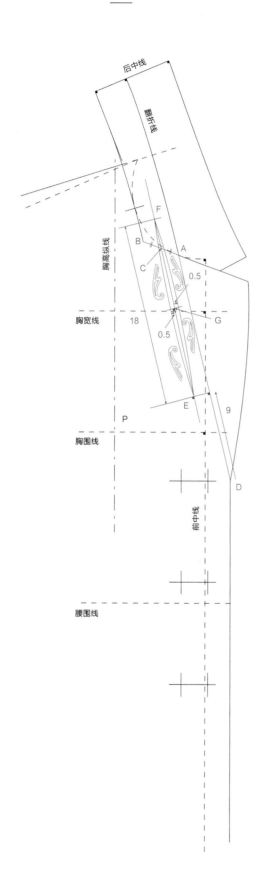

图2

1. 确定设置省道的理想位置。为此，将对应衣领底角的直线（AB）等分，得到C点。

这个省道不可外露，必须设置在底领上（翻折线下方）。

过C点画一条直线，使其平行于翻折线（AD）。从D点沿AD向上，在9cm处作垂线，与C点处的直线相交于E点。

2. 还需确定省道的长度。自E点向上，在直线上取18cm，标记为F点。这个长度可以根据翻折线的理想弯度上下浮动。

3. 将EF等分，得到G点，并作垂线。在EF两侧的垂线上各取0.5cm，即领省的省量为1cm。

借助曲线板绘制四条形状相同的省边。

图3

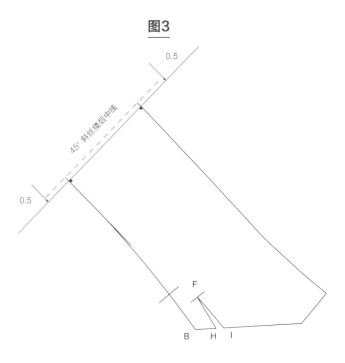

0.5

45° 斜丝缕后中线

0.5

F

B H I

图3b

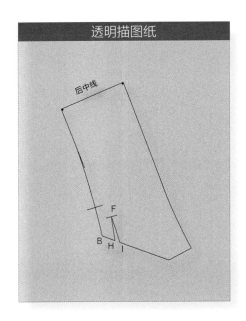

透明描图纸

后中线

F

B H I

图3

1. 借助透明描图纸（图3b）拓描底领部分包括其底部的省道（HFI），并将其拓描至绘图纸上，将后中线设置为45°斜丝缕。

2. 不要忘记将后中线向内移动0.5cm，从而抵消45°斜丝缕裁剪时裁片可能出现的变形。

底领底部省道处理的两种方法

图4

方法一

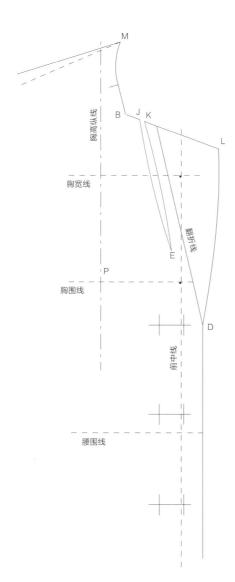

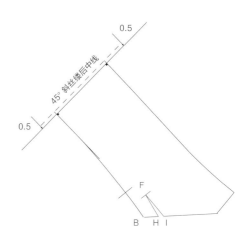

图4

1. 关于底领底部的省道，有两种处理方法：

方法一：在制板过程中始终保留这部分省道。在这种情况下，底领和驳领的形状保持不变。

方法二：去除这部分省道，将省量（HI）转移至衣领与领围线的拼缝处（B点）。

为此，测量HI的长度并从B点向内取相同数值，得到B'点。借助曲线板，将B'点与底领底部线条连接起来。检查底领底部线条的长度。无论如何改进，其长度都必须和领围尺寸相符。如有必要，可以稍加调整。

2. 在方法二中，同样很有必要对驳领进行微调。

为此，借助透明描图纸（图4c）拓描领围线和领省第二省边（MBJE），以E点为圆心旋转闭合省道，使第二省边与第一省边重合，此时K点略低于J点，然后继续拓描省道第一省边和部分驳领（EKL）。

3. 为了完成该样板，用直线连接B点和L点，得到J'点和K'点。将透明描图纸置于绘图纸上，拓描并重新绘制纸样（BJ'和K'L）。

图4b

方法二

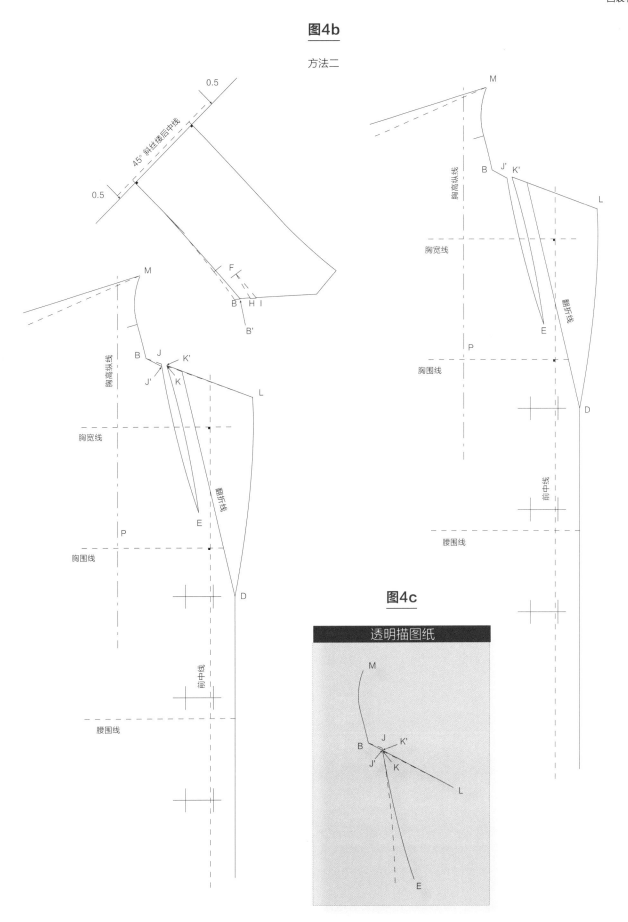

图4c

透明描图纸

图5

方法一

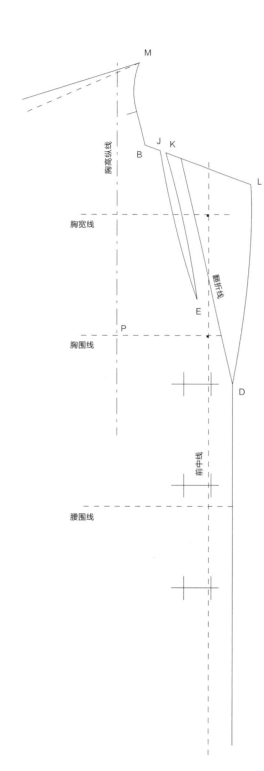

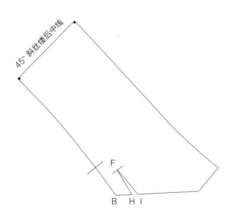

——
图5

完成西装领最终样板的绘制，领省使得翻折线微微弯曲。

底领底部的省道有两种不同的处理方法。

之后可以按常规对领面及挂面进行制板。

图5b

方法二

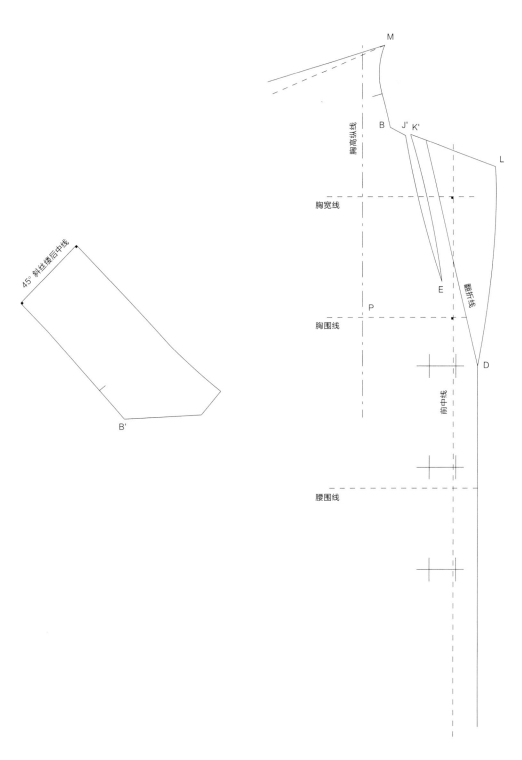

减小肩省量

通过减小西装衣身基础样板的肩省量,可以美化胸部线条,使西装轮廓线更加流畅,胸部形状更加丰满。

前

后

款式图

图1

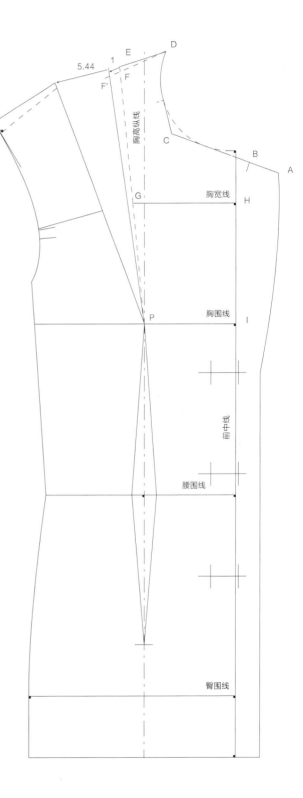

图1b

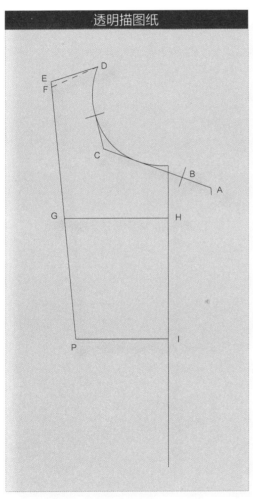

图1

借助透明描图纸（图1b）拓描前片及其轮廓线各点（A点、B点、C点、D点、E点、F点、G点、H点、I点、P点）。

将肩斜线（F点）向左移1cm，得到F'点，用直线连接F'点至P点，使肩省量从6.44cm减小到5.44cm。

图2

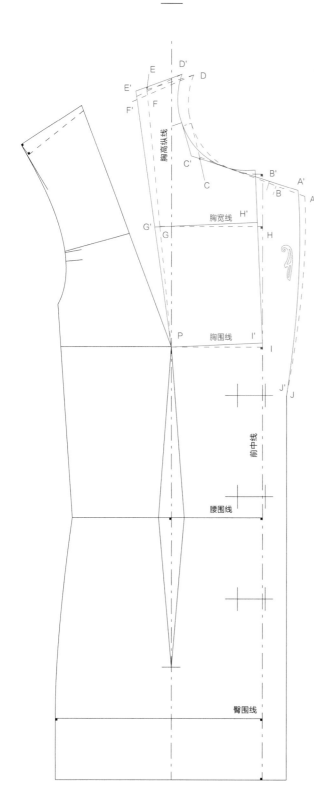

胸高纵线

胸宽线

前中线

胸围线

腰围线

臀围线

图2

1. 将透明描图纸（图1b）置于绘图纸上，与样板对齐。

2. 以P点为圆心旋转透明描图纸闭合省道，使肩省第一省边（PF）与其左侧1cm处的新省边（PF'）重合，然后在绘图纸上标记并拓描移动后的各点（A'点、B'点、C'点、D'点、E'点、F'点、G'点、H'点、I'点）。

用直线连接这些新的点，重新绘制样板。借助曲线板，连接样板上的A'点至J点。

肩省上减去的1cm省量已转移至前中线处，使其向左倾斜，但前后片比例仍保持平衡。前中线的偏移在这里不是特别重要，因为翻折点位于胸围线以下的较低位置，使得前中线直丝缕的偏移微不可见。J点和J'点之间的几毫米移位也没什么影响，翻驳领会更容易翻折，衣领开口会稍微张大一点（几毫米）。

图3　　　　　　　　　　　　　　　图4

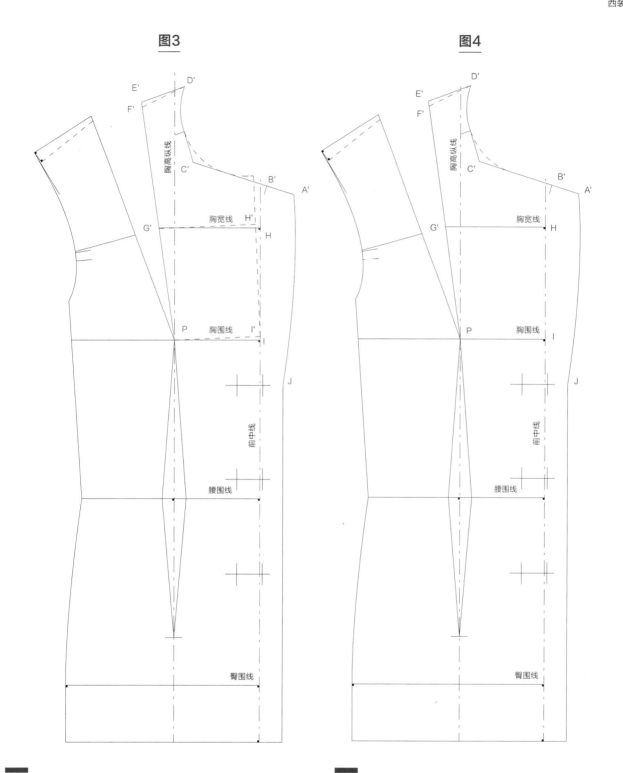

图3

1. 删掉已经移动过且没有用处的那部分线条，重新绘制以下各点：J点、A'点、B'点、C'点、D'点、E'点、F'点、G'点、H'点、I点、P点，完成样板的绘制。

2. 前中线重新回到最初的位置，即直丝缕方向。

底领保持不变，只有挂面将会发生变化。由于A'J长度增加了几毫米，故需要重新绘制挂面。

图4

减小肩省量后的西装衣身基础样板前片。

转移肩省量

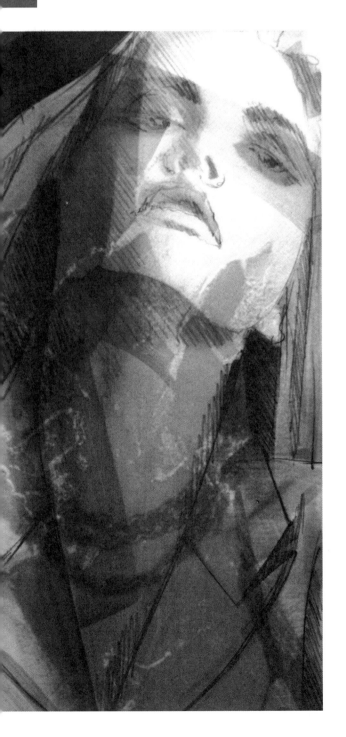

通过将西装衣身基础样板的一部分肩省量转移至领下，可以美化胸部线条，使其轮廓线更加流畅，胸部形状更加丰满。

为了在领下留出足够的空间设置省道，最好采用斜角式绱领的方法。

新设置的省道平行于翻折线。

前

后

款式图

图1

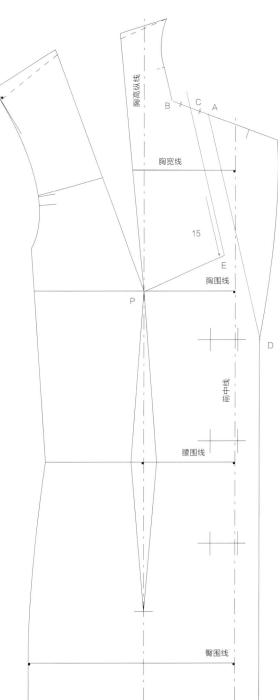

图1

确定设置省道的理想位置。为此，将对应衣领底角的直线（AB）等分，得到C点。*这个省道不可外露，因此必须设置在底领上（翻折线下方）。*

过C点画一条直线，使其平行于翻折线（AD）。在这条直线上，从C点向下取15cm作为省道的长度。

用直线连接E点至胸高点P点。

图2

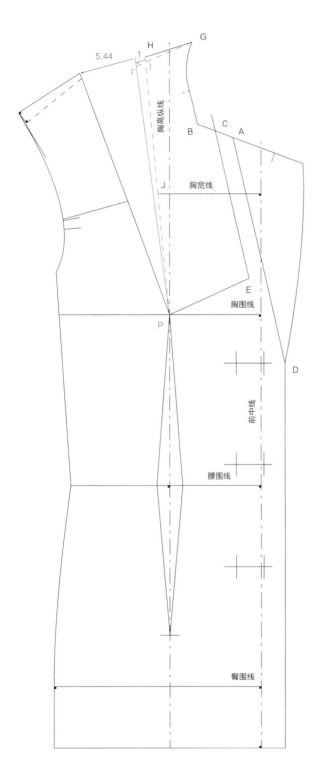

图2b

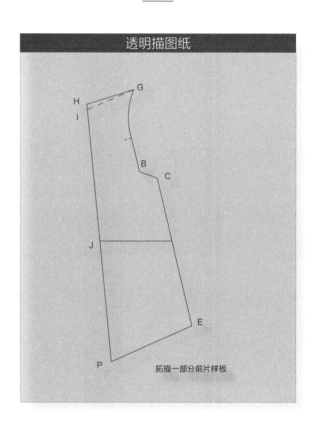

透明描图纸

拓描一部分前片样板

图2

1. 借助透明描图纸（图2b）拓描样板（CEPJIHGB）。

2. 将肩斜线（I点）向左移1cm，得到I'点，用直线连接I'点至P点，使肩省量从6.44cm减小到5.44cm。

图3

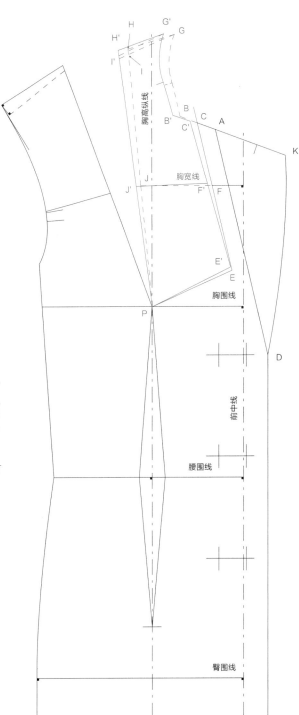

图3

1. 将透明描图纸（图2b）置于绘图纸上，与样板对齐。

2. 以P点为圆心旋转透明描图纸闭合省道，使省道第一省边（PH）与左侧1cm处的新省边重合，然后在绘图纸上标记并拓描移动后的样板（C'F'E'PJ'I'H'G'B'），再将纸样绘制完整。

注意：肩省上减去的1cm省量已转移至新省道最宽处，位于衣领下方的C点和C'点之间。

图4b

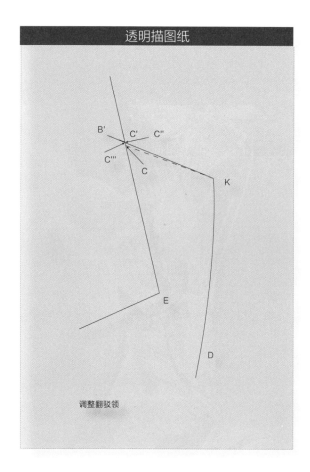

透明描图纸

调整翻驳领

图4

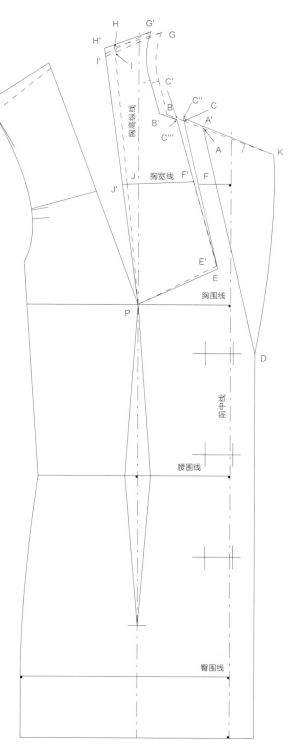

图4

调整新省道

1. 借助透明描图纸（图4b）拓描新省道的第一省边，从E点经过C点拓描至KD，然后以E点为圆心旋转闭合省道，使第一省边与第二省边重合，最后拓描C'点、B'点。

2. 用直线连接K点、B'点，得到C''、C'''点。

E点和E'点之间的几毫米移位不会有太大影响，待西装领完成后，翻开驳领，服装胸部会产生丰满的外观效果。

将透明描图纸置于绘图纸上，用锥子标记调整过的地方，并将其拓描至样板。

图5
<u> </u>

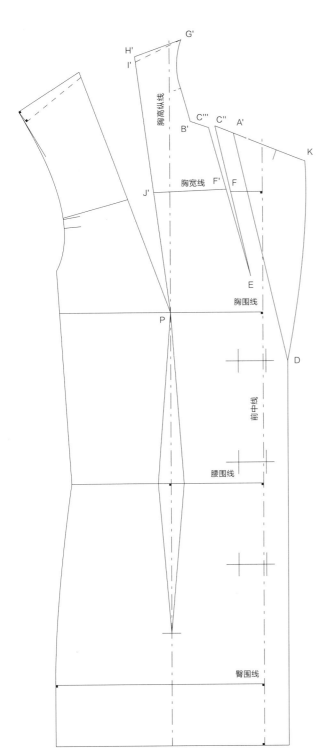

图5
<u> </u>

1. 重新绘制衣领下方已完成的省道。为此，绘制轮廓线 DKA'C"FEF'C'''B'G'H'I'J'P。

2. 完成了转移肩省量的西装衣身基础样板前片的最终样板，新的省道设置在衣领下方。

戗驳领

在绘制西装衣领的样板时，可以选择不同形状的领围线，自行设计驳领的串口（高低）位置。串口线位于领面和驳领的连接处，是领口的关键位置。

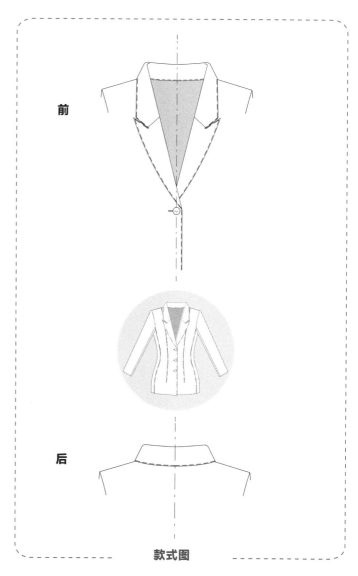

前

后

款式图

图1

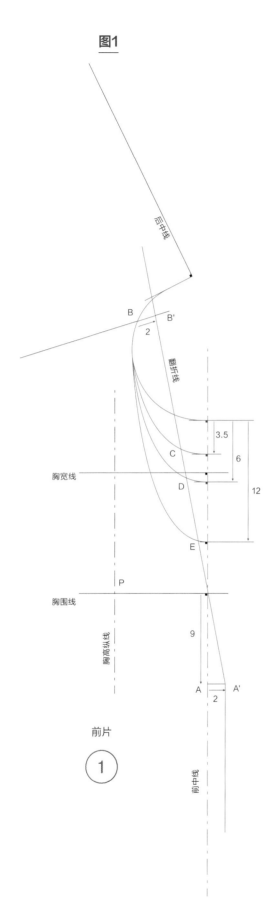

前片

①

图1

1. 图中展示了几种不同的前领深位置, 这些都是以西装衣身基础样板的领围线为基础进行转换的, 其后片领围线与基础样板完全相同。以基础样板的前片领围线作为参照:

第一条领围线的前领深比基础样板低3.5cm。

第二条领围线的前领深比基础样板低6cm。

第三条领围线的前领深比基础样板低12cm。

2. 绘制好领围线之后, 可以根据衣服款式需求, 确定叠门量以及串口线的起始位置。

在前中线上, 自胸围线下方9cm (A点) 处向右取2cm (A'点), 对应所需叠门量, 再向下绘制一条垂直线。

自颈侧点 (B点) 向右, 将肩斜线延长2cm, 得到B'点。

用直线连接A'点和B'点。

定位翻折线 (A'B') 之后, 即可在领围线上确定串口线的起始位置。根据所需款式, 可以选择C点、D点或E点。

图2

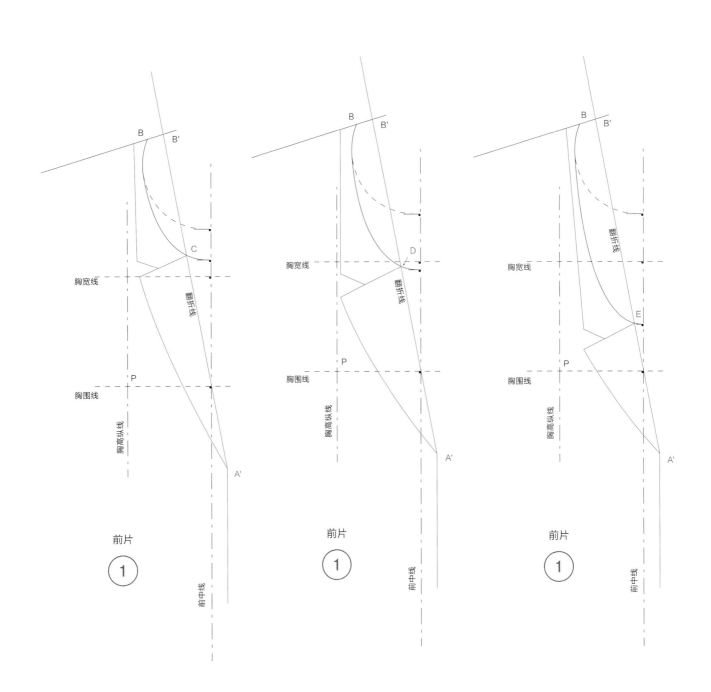

图2

三种不同串口线位置的衣领形状。

放大领围线

图3

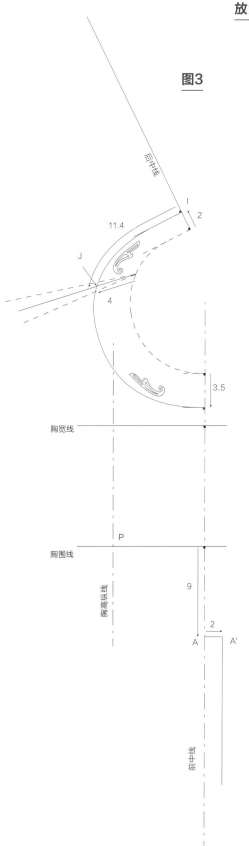

后中线

11.4

I

2

J

4

3.5

胸宽线

P

胸围线

胸高纵线

9

2

A

A'

前中线

图3

1. 也可以先放大前后片领围线，再绘制西装领样板。

为了扩大领围，先绘制衣服前片领围线部分，再将前后片肩斜线对齐，颈侧点重合，然后绘制后片领围线和后中线部分。

选择将要改动的尺寸。本例中，将西装衣身基础样板的前领底部下降3.5cm，将后领底部下降2cm（I点），而颈侧点向左移4cm（J点）。

借助曲线板绘制新的领围线。

2. 绘制好领围线之后，可以根据衣服款式需求，确定叠门量以及衣领的起始位置。

在前中线上，自胸围线下方9cm（A点）处向右取2cm（A'点），再向下绘制一条垂直线，使其对应叠门量。

衣领制板

图4

图4

1. 确定西装领的翻折线。

从西装颈侧点(B点)向右,将肩斜线延长3cm至C点,这个点就是西装翻折线与肩斜线的交点。用直线连接西装领底部翻折点(A'点)和C点,并将其延伸至C点上方。这条直线(A'C)即西装领翻折线。

2. 根据设计需求和个人喜好确定领型。本例为戗驳领。

注意,串口线的起始位置一定要设置在领围线和翻折线的交点(D点),以方便拼缝。先确定串口线的倾斜度,再确定其长度,本例中,DE=4cm。

3. 从E点向上绘制一条6cm的直线,设置驳领角(F点)。本例中,驳头与翻领应呈闭合状态。

用直线连接F点和A'点,然后在FA'长度的1/3处向下作垂线,在垂线上取1.2cm,将驳领边缘绘制成弧线。注意,F点和A'点之间必须绘制成弧线而不是直线,以确保驳领外翻时保持平整。

4. 从E点向上绘制一条5cm的直线,设置翻领底部(G点)。注意,G点应非常靠近EF,以确保驳头与翻领保持闭合状态。

5. 从B点向左,在肩斜线上取2cm,得到H点,这是按照西装领的常规尺寸取值。用直线连接G点和H点。

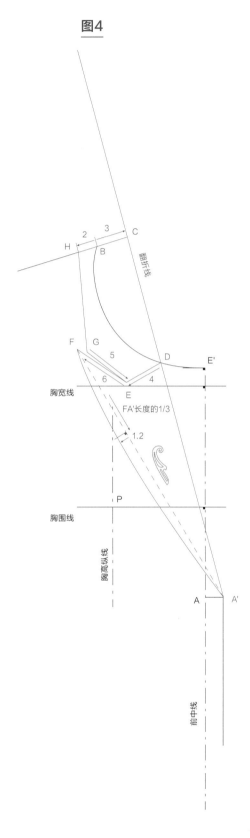

图5

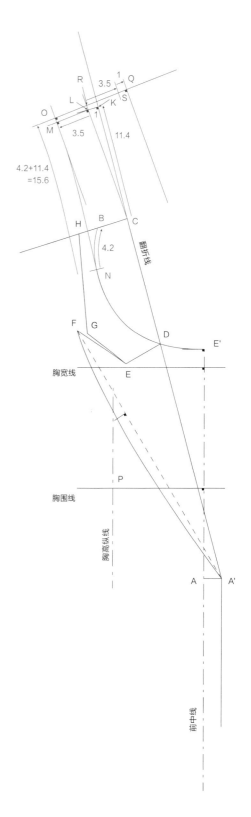

图5

1. 测量西装后片领围线(IJ)的长度(图3)。本例中, IJ=11.4cm。在翻折线上, 从C点向上取11.4cm, 得到K点。

从K点向翻折线左侧作垂线, 在垂线上取1cm, 得到L点。用直线连接C点和L点。

从L点向CL左侧作垂线, 根据期望的领高, 在垂线上取值(M点)。本例中, LM=3.5cm。

从M点向LM下方作垂线, 代表衣领底部。借助曲线板绘制曲线, 使其与垂线相切, 且与领围线相切于N点。

曲线NM代表衣领底部与领围线的连接部分。

2. 衣领底部曲线的长度应为领围线底部至颈侧点的长度(NB=4.2cm)加上后片领围线的长度(IJ=11.4cm), 即

4.2+11.4=15.6cm。

根据计算结果, 从N点向上, 在衣领底部曲线(NM)上取15.6cm, 得到O点。

这个长度超出了之前设置的M点。这是合理的, 因为在制板过程中, 所有线条向颈侧点倾斜, 因此使后片领围线的长度缩短了。

3. O点代表衣领后中线的起始位置。从O点向MO右侧作垂线, 这条后中线平行于ML。在后中线上设置期望的总领高, 注意, 这个高度应该包括领座和翻领部分的尺寸再加上翻折衣领以遮盖领围缝线所需的放松量。

本例中, 总领高(OQ)为8cm, 其中包括: 领座部分(OR)3.5cm、翻领部分(RS)3.5cm, 再加上1cm的放松量。

从Q点向后中线下方作垂线, 作为翻领部分的边缘线。

图6

图6

1. 在翻折线的右侧复制翻折线左侧已经完成部分衣领的形状时, 可以借助透明描图纸拓描, 也可以沿着翻折线将绘图纸对折进行复制。

2. 本例中, 借助透明描图纸(图6b)拓描CDA'FEGH部分, 然后翻转透明描图纸, 使翻折线与纸样上的翻折线重合, 并将这部分衣领的形状拓描至纸样上, 得到F'点、E'点、G'点、H'点。

借助曲线板连接Q点和G'点, 绘制底领的外轮廓线, 并与Q点处的垂线相切。

为了使领型更加美观, 穿着时的视觉效果更好, 绘制外轮廓线时, 曲线板放置方向应如图所示。

图6b

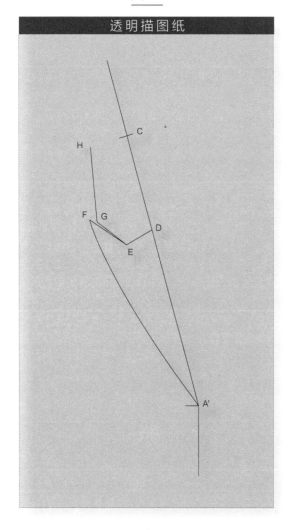

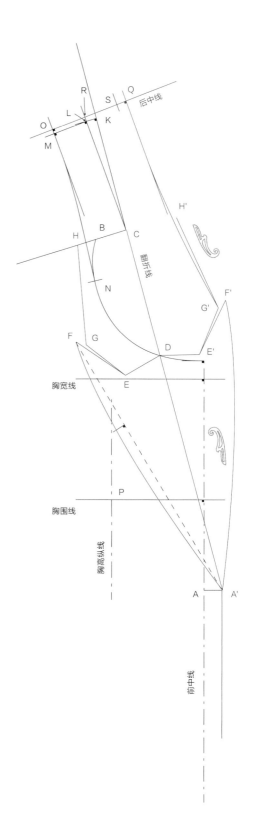

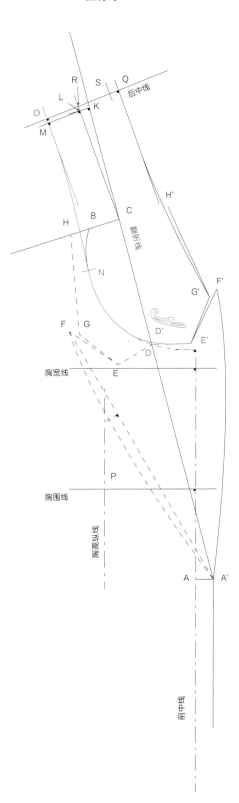

图7

曲线式

图7

两种绱领方法

1. 曲线式：这种方法是借助领围曲线来绱领。在翻折线与串口线的交点（D点）处，领围线与串口线之间形成了一个夹角，需要借助曲线板画顺此处的转角线条。由此，领围曲线与串口线相切，得到D'点。

曲线式绱领方法的工艺难度较高，因为裁片很容易变形。

2. 斜角式：制板时，向左延长E'D至距离E'点8.5cm处，向下延长位于衣领底部、与领围线相切的的曲线（ON），这两条延长线相交于T点，即可进行斜角式绱领。NT应为直线，并与ON相切于N点，如图所示（图7b）。

必须确保衣领拼缝完成后，T点位于衣领下方。如果拼缝在西装前片外露，则会影响美观。

斜角式绱领方法相对容易操作，通常用于成衣工艺。

图7b

斜角式

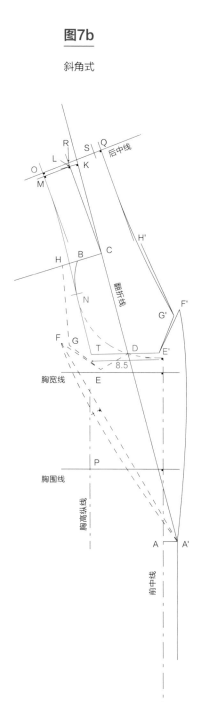

图8

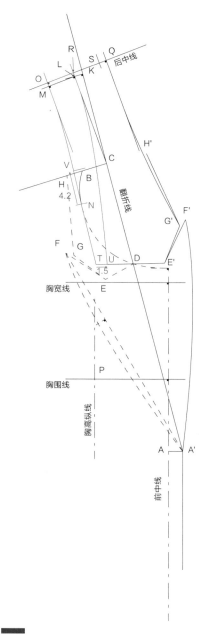

图8

1. 可以绘制一个"香蕉"形状, 以便提高领座强度。

借助曲线板绘制曲线, 将后中线上对应领座部分（3.5cm）的R点, 与T点右侧的1.5cm处的U点连接起来。

要确保"香蕉"形状圆润流畅、线条顺滑均匀, 以免使衣领和翻折线过于紧绷。

2. 在垫肩斜线拼缝处设置肩缝对位刀眼, 即N点上方4.2cm处（V点）。

图9

曲线式

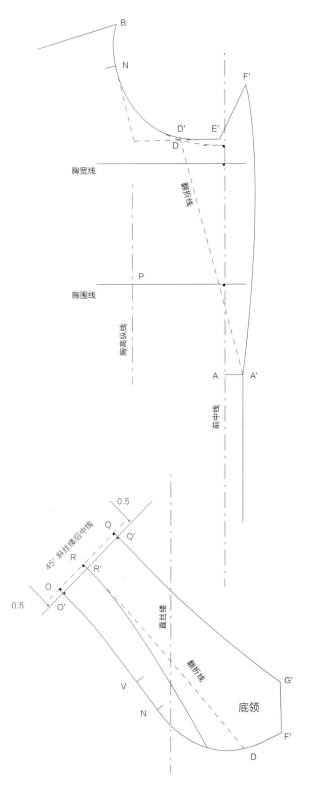

图9

将衣领与西装衣片分开

1. 重新绘制底领（曲线式或斜角式绱领方法任选其一），并将后中线设置为45°斜丝缕。

2. 由于底领沿正斜丝缕方向裁剪，裁片很容易变形。为了修正这种现象，可以将底领的长度减短。为此，按照惯例，将后中线（OQ）向内收0.5cm，重新绘制一条后中线（O'Q'）。

3. 领面可以采用与西装衣领基础样板领面相同的方式制板。

图9b

斜角式

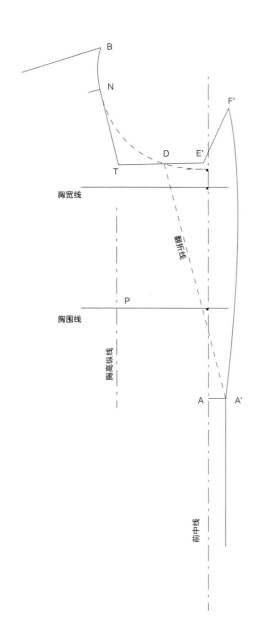

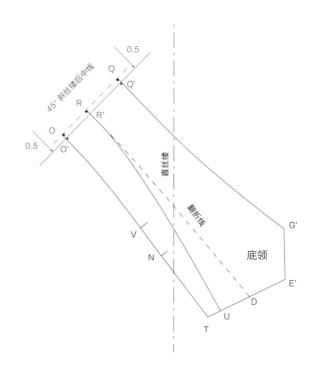

図10

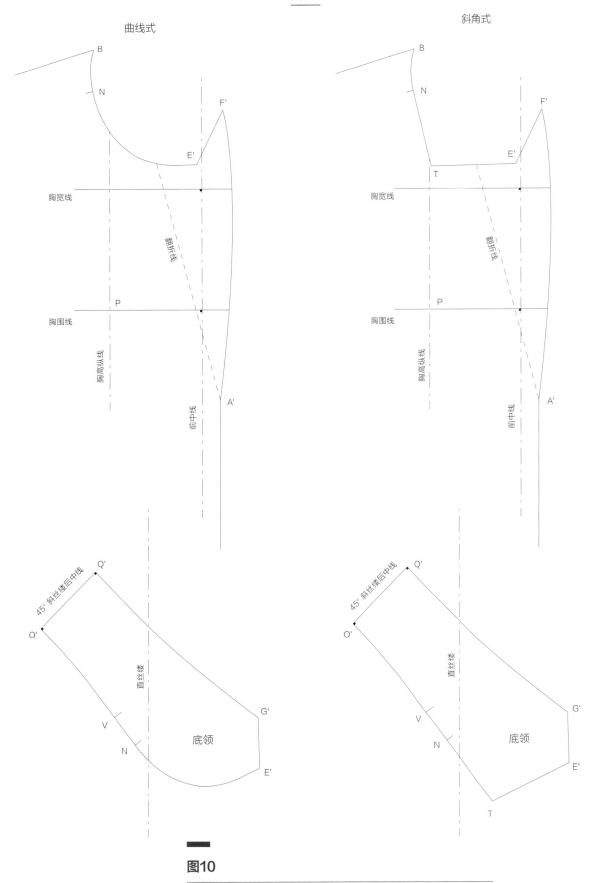

图10

西装戗驳领样板。

减小底领外口尺寸

图11

斜角式底领

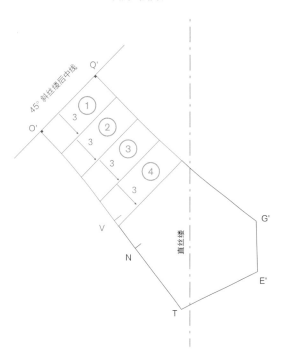

图12

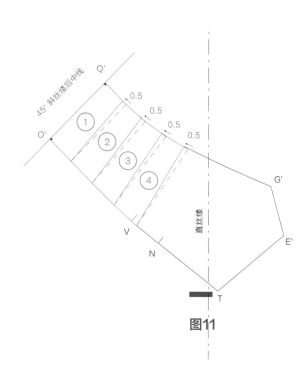

图11

图11

1. 完成制板后，有时会发现衣领不够贴合颈部而显得太空。在这种情况下，应该减小底领外口尺寸。

为此，需要对斜丝缕底领进行调整，底领后中线处已减去0.5cm，以抵消裁片出现的变形。*当然，也可以对曲线式底领进行改动。*

2. 在绘图纸上重新绘制底领（以斜角式底领O'Q'G'E'TNV为例）。

3. 在底领上，从后中线（O'Q'）到肩缝对位刀眼外侧一点的位置，以相同的间距画几条平行线。

本例中，将这个部分以3cm的宽度分成四片。

图12

1. 确定理想的减小值，以便使衣领更贴合颈部。

本例中，将每片减小0.5cm，即总共减小：0.5×4＝2cm。

这个数值取决于衣领期望的贴合度。

2. 注意，在减小底领外口尺寸的过程中，不可改变领围线（O'T）的长度，以免给后续的绱领造成困难。

3. 先绘制①号片，后中线（O'Q'）仍然保持为斜丝缕，固定其底部，将②号片的上口旋转闭合0.5cm，使其叠放在①号片上，如图所示，然后绘制②号片。同理，依次将③号片和④号片旋转闭合0.5cm。底领的最后一个裁片也采用相同的方式，固定底部，使上口旋转闭合0.5cm，然后绘制这个裁片。

图13

图14

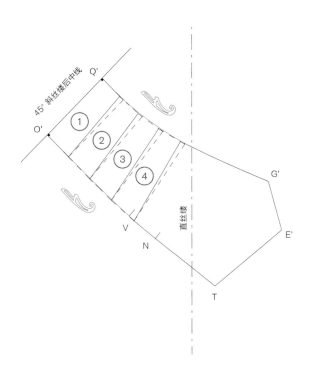

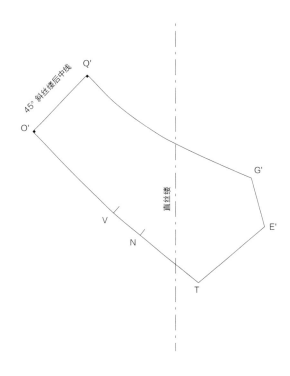

图13

将所有裁片绘制完成后, 借助曲线板画顺底领的外口曲线。领围曲线也需要稍加调整。

底领外口曲线的弧度取决于缩减的尺寸。底领外口缩减尺寸越大, 曲线弧度越大。

图14

缩减外口尺寸之后的底领样板。

一体式青果领

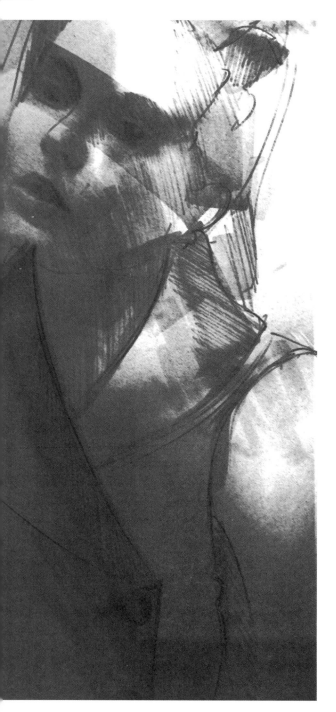

这款衣领与衣身是一体的。为了使衣领能够自然翻卷，在衣领和衣身之间设置了一个省道（仅需设置在底领上）。

这款衣领可以基于西装衣身基础样板进行制板，也可以基于其他类似款式的衣身样板进行制板。

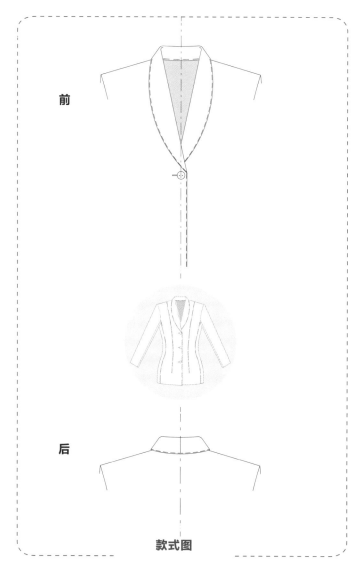

前

后

款式图

图1

图1

1. 绘制西装衣身基础样板的前片。

确定叠门量。本例中，叠门量=2.5cm。

为了设置衣领底部，在前中线上，取胸围线下方9cm（A点），从A点向右绘制一条水平线，然后在水平线上取叠门量，即2.5cm（A'点）。从A'点向下绘制一条垂线，直至西装的下摆线（B点）。

用直线连接A'点与颈侧点（C点），并将其延伸至C点上方。

测量西装衣身基础样板后片领围线（DE）的长度（图4）。本例中，DE=7.3cm。

在A'C的延长线上，从颈侧点（C点）向上取7.3cm（F点）。从F点向CF左侧作垂线，在垂线上取1cm（G点）。用直线连接C点和G点。

2. 从颈侧点（C点）向下，在衣领下设置一个省道。*这个省道可以使衣领的形状弯曲。*

确定省道的长度。本例中，省道长15cm（H点）。取其中点并作垂线，在省道两侧的垂线上各取0.5cm（I点和I'点）。

借助曲线板绘制四条弧线，形成省边。注意，要确保弧线CH与GC相切，以便使衣领底部的轮廓线均匀平滑。

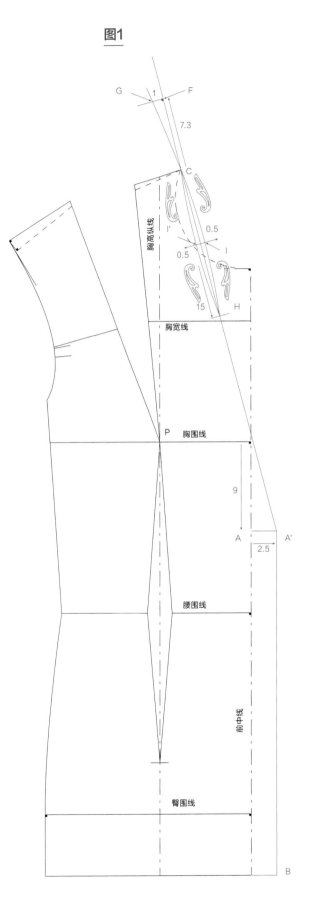

图2

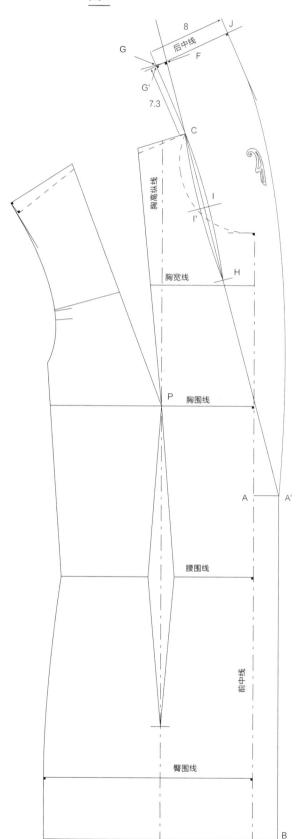

图2

1. 从颈侧点（C点）向上，在CG上取衣身后片领围线DE的长度（7.3cm），得到G'点。从G'点向衣领底部CG'右侧绘制一条垂直线，作为衣领的后中线。

2. 根据设计需求确定衣领高度。本例中，领高为8cm（J点），其中包括：领座高度3.5cm，翻领高度3.5cm，再加上1cm的放松量用于遮盖衣领的拼缝。

3. 从J点向后中线（G'J）下方绘制一条垂直线。借助曲线板绘制曲线，使其与这条垂直线相切，并延伸至A'点，形成最适合设计需求的衣领外轮廓线。

图3

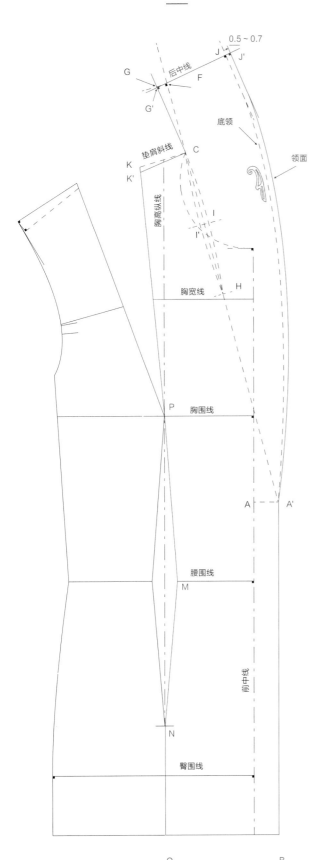

图3

1. 前片挂面位于肩省、腰省的第一省边（K'PMN）以及加放尺寸的领面之间。为了使挂面与前片分离，需要连省成缝，并将开缝沿着胸高纵线延伸下去（NO）。

2. 前片挂面制板时，应绘制自然肩斜线（CK'）而不是垫肩斜线（CK），因为垫肩将被包裹在面料和衬里之间。

3. 在挂面样板中，为了增加衣领的松量以便翻折，衣领下的省道已被取消。

与衣领一体的前片挂面形成了领面。要注意的是，领面必须加放几毫米，才可以使衣领更好地翻折下来。

在后中线上，从衣领外轮廓线向外加放0.5~0.7cm。本例中，从J点向右，在后中线上取0.5cm（J'点）。

从J'点向后中线（G'J'）下方绘制一条垂直线，借助曲线板绘制曲线，连接J'点和衣领底部的A'点。

完成前片挂面样板的绘制。

图4

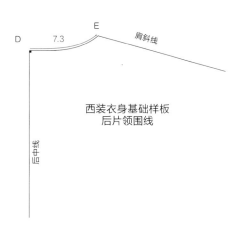

西装衣身基础样板
后片领围线

图4

1. 后领处也需要设置贴边。

2. 借助透明描图纸（图4b）拓描后片领围线（DE）、肩斜线（无垫肩的自然肩斜线）和后中线，将前、后片肩斜线（CK'和EK"）对齐、颈侧点（E点和C点）相互重合，以便使前片挂面与后领贴边能够在K'点顺滑地连接起来。

自D点沿后中线向下取4cm，得到L点。在L点画一个直角，然后借助曲线板绘制一条圆顺平滑的弧线，完成后领贴边的绘制。

这条新的弧线和肩斜线相交于K'点旁边的K"点，前片挂面和后领贴边在此处顺滑地连接起来。

3. 绘制后领贴边（DEK"L），后中线处是否需要设置拼缝取决于具体样式（图4c）。

图4b

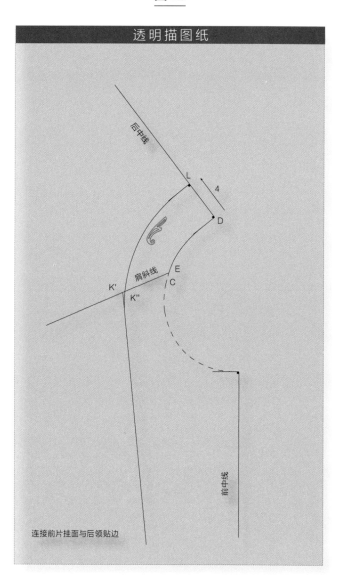

透明描图纸

连接前片挂面与后领贴边

图4c

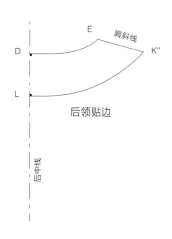

后领贴边

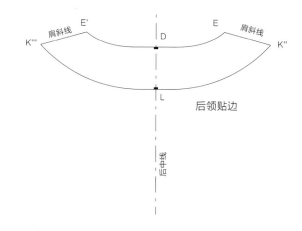

后领贴边

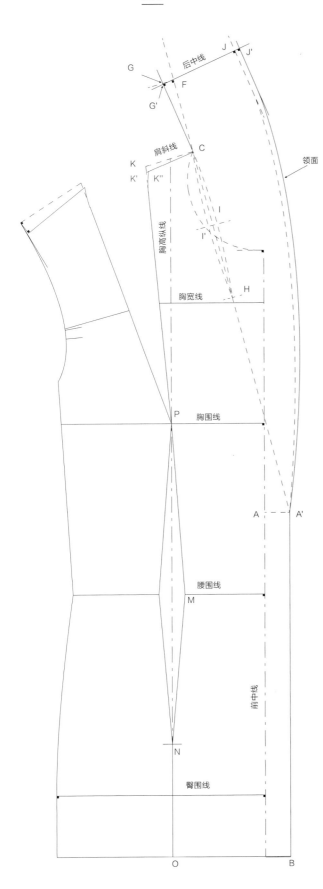

图5

图5

在分离前片挂面之前，将肩省第一省边（K'点）处的调整（K''点）标记在纸样上，并将此处的线条画顺，使前片挂面与后领贴边的弧线得以顺滑地连接起来。

为了在拼缝时能够均匀平整，之前从挂面样板上去除的一小部分将会添加到衬里样板上。

图6

前片挂面和领面

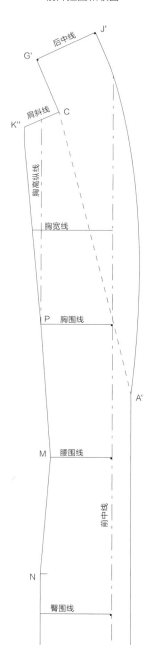

图7

前片和底领

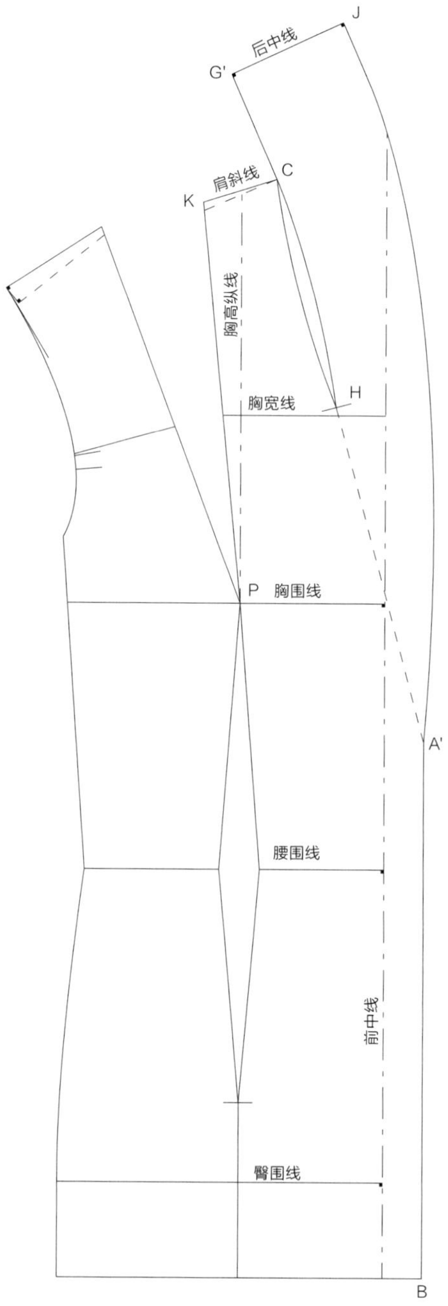

图6

完成转换的步骤后，精确地绘制前片挂面和领面的样板（A'J'G'CK''PMNOB）。

图7

前片和底领的最终样板。

前片挂面中心线的三种设置方法

图8

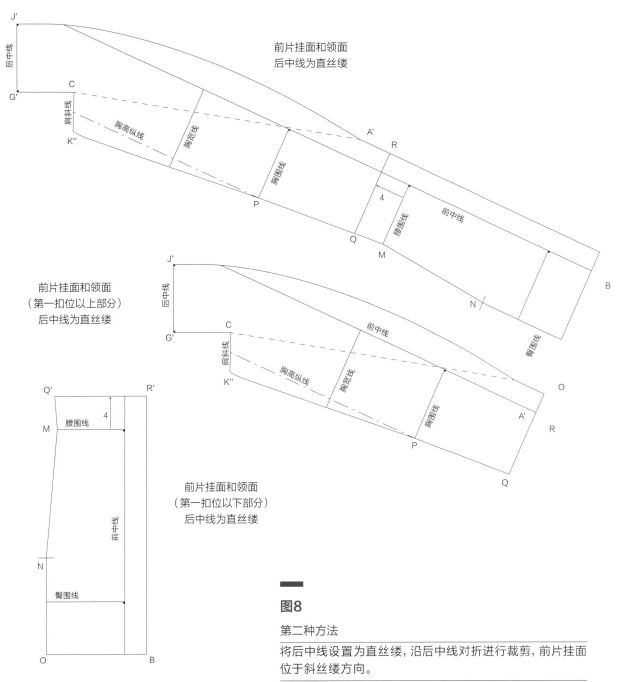

前片挂面和领面
后中线为直丝缕

前片挂面和领面
（第一扣位以上部分）
后中线为直丝缕

前片挂面和领面
（第一扣位以下部分）
后中线为直丝缕

第一种方法

将前中线设置为直丝缕，领面在后中线处拼缝，后中线
位于斜丝缕方向（图6）。

图8

第二种方法

将后中线设置为直丝缕，沿后中线对折进行裁剪，前片挂面
位于斜丝缕方向。

如需按这种方法设置直丝缕，可以在第一扣位下方设置一
条水平分割线。本例中，在腰围线（M点）上方4cm处，画一
条线垂直于前中线，由此得到分割线（QR）。

重新绘制第一扣位以下部分，将其前中线设置为直丝缕，由
此得到Q'R'BONM。如果面料幅宽很窄，不足以容纳整个前
片挂面（沿后中线对折裁剪），就必须采用这种方法。

图9

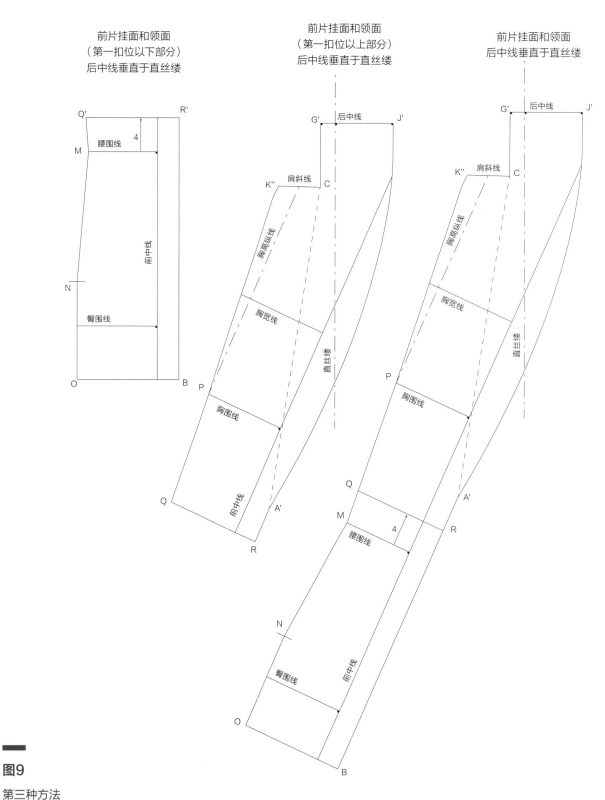

前片挂面和领面
（第一扣位以下部分）
后中线垂直于直丝缕

前片挂面和领面
（第一扣位以上部分）
后中线垂直于直丝缕

前片挂面和领面
后中线垂直于直丝缕

图9

第三种方法

后中线垂直于直丝缕，于是前片挂面位于斜丝缕方向。

如需按此方法设置直丝缕，有必要在第一扣位下方设置一条分割线。在腰围线（M点）上方4cm处，画一条线垂直于前中线，由此得到分割线（QR）。

重新绘制第一扣位以下部分，将其前中线设置为直丝缕，由此得到Q'R'BONM。根据具体情况，可以沿后中线对折进行裁剪。

图10

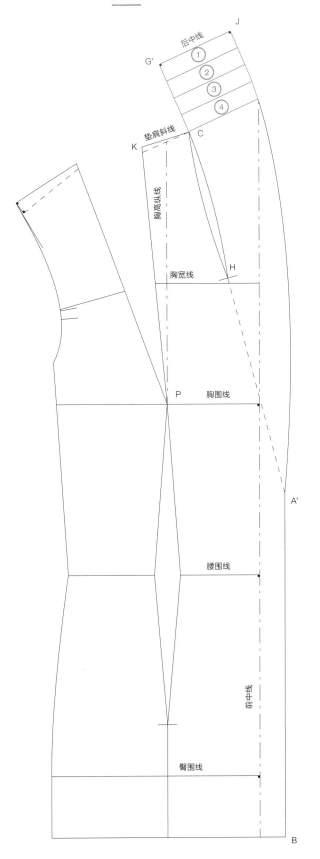

后中线

①
②
③
④

垫肩斜线

胸高纵线

胸宽线

胸围线

腰围线

前中线

臀围线

图10

根据不同的款式及领量需求，可能需要调整底领外口尺寸。

为此，将后片衣领（G'C）分为宽度相等的四片（①号片、②号片、③号片、④号片）。

然后，在不改变领底曲线长度的基础上，根据所需的调整量取值，将每个裁片打开或闭合一定尺寸。

这一步是在底领部分操作的，领面部分也需进行相应的调整，重新绘制纸样。

斜丝缕青果领

这个衣领的制板可以在一体式青果领样板基础上完成。

前

后

款式图

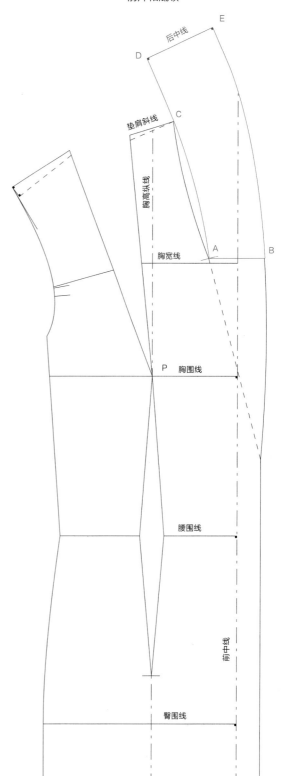

图1

前片和底领

图1

1. 绘制一体式青果领的前片和底领样板。

2. 从底领省道的底部（A点）向右绘制一条水平线，连接底领外轮廓线（B点）。

3. 由此得到45° 斜丝缕裁剪的底领（ABEDC）。

图2

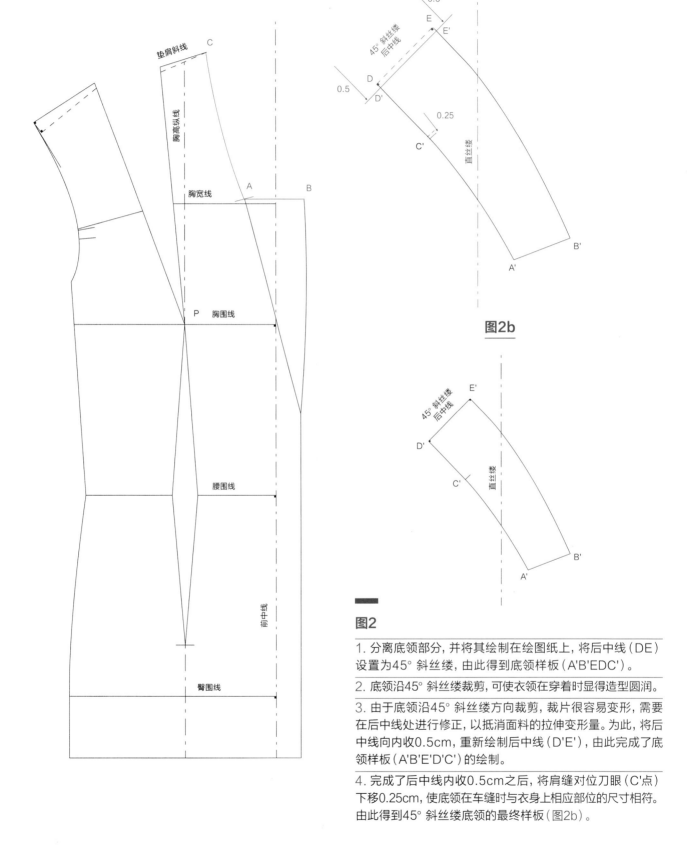

图2b

图2

1. 分离底领部分，并将其绘制在绘图纸上，将后中线（DE）设置为45°斜丝缕，由此得到底领样板（A'B'EDC'）。

2. 底领沿45°斜丝缕裁剪，可使衣领在穿着时显得造型圆润。

3. 由于底领沿45°斜丝缕方向裁剪，裁片很容易变形，需要在后中线处进行修正，以抵消面料的拉伸变形量。为此，将后中线向内收0.5cm，重新绘制后中线（D'E'），由此完成了底领样板（A'B'E'D'C'）的绘制。

4. 完成了后中线内收0.5cm之后，将肩缝对位刀眼（C'点）下移0.25cm，使底领在车缝时与衣身上相应部位的尺寸相符。由此得到45°斜丝缕底领的最终样板（图2b）。

图3

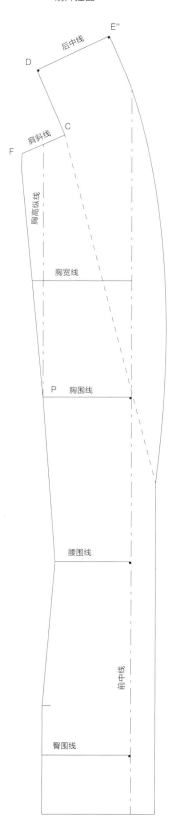

前片挂面

图3

前片挂面的制板方法与一体式青果领相同，大小也是相等的。

领面与前片挂面一体，不要忘记将领面后中线（DE"）从底领后中线（DE）处向外加放0.5cm。

为了使前片挂面与后领贴边的弧线得以顺滑地连接起来，将肩省第一省边（F点）处的线条画顺（与前述一体式青果领相同）。

前述一体式青果领前片挂面中心线的三种设置方式也同样适用于本例：

— 第一种方法，将前中线设置为直丝缕。

— 第二种方法，将后中线设置为直丝缕。

— 第三种方法，将后中线垂直于直丝缕。

如果必要，同样可以从第一扣位下方将前片挂面裁开。

图4

后领贴边可以保持与一体式青果领一样，如图所示，后中线处是否需要设置拼缝取决于具体样式。

图4

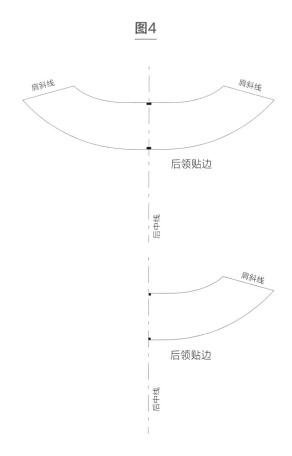

青果领的缩放

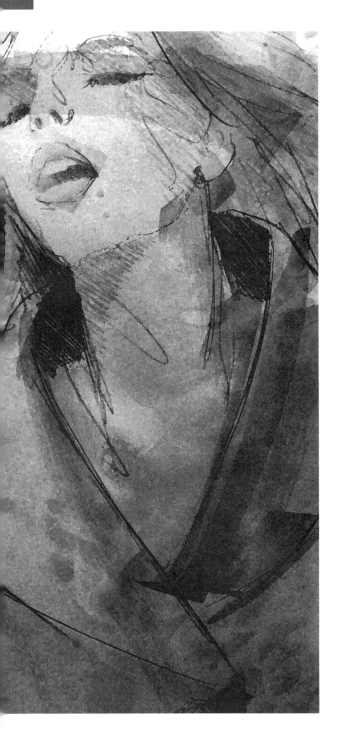

这个衣领的制板可以在带有省道的一体式青果领样板基础上完成。

制板时，先绘制西装衣身基础样板的前片及一体式青果领，再进行缩放。

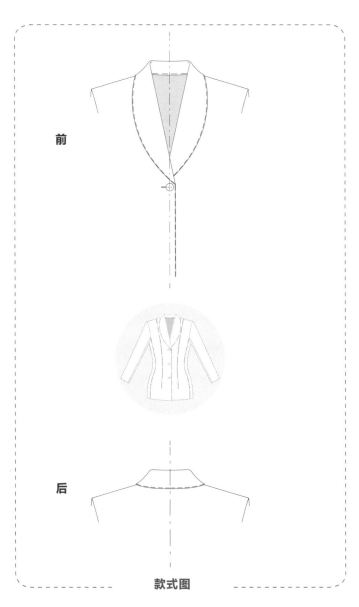

前

后

款式图

图1

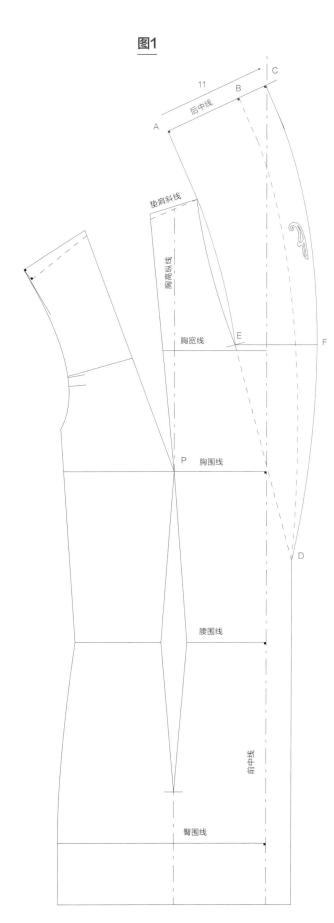

图1

1. 确定理想的领高（AC）。本例中，AC=11cm，AB代表青果领基础样板的领高。

从C点向后中线（AC）下方作垂线，并借助曲线板绘制弧线，将其连接至衣领底部（D点）。

从衣领省道的底部（E点）向右绘制一条水平线，与衣领外轮廓线相交于F点，底领与带有驳领的前片在此处分离。

2. 如果领面较长，为了避免衣领与身体过于贴合，有时需要将领面适当放大。

放大青果领

图2

前片和底领

图2b

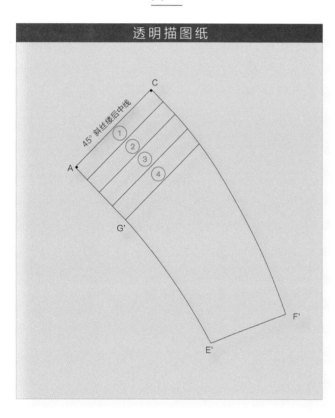

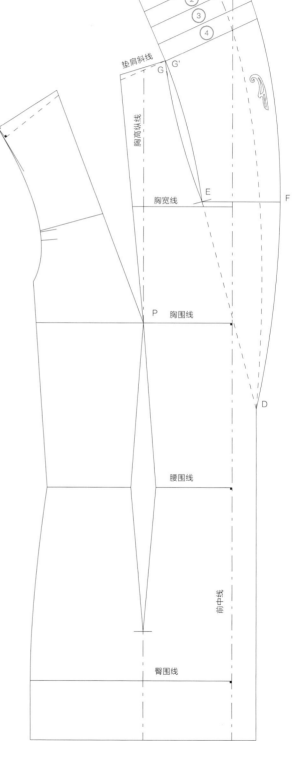

图2

1. 加长衣领的外轮廓线，可以使领子变大。

为此，将AG'之间的距离四等分，并绘制等分线，等分线平行于后中线，由此得到①号片、②号片、③号片、④号片。

2. 借助透明描图纸（图2b）拓描底领（ACF'E'G'）部分。

图3

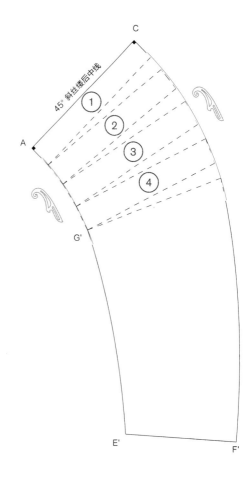

图4

图3

1. 衣领的加放量取决于具体情况。将加放量等分, 依次设置在每个裁片上。本例中, 每个裁片加放1cm。

2. 先绘制①号片, 将后中线 (AC) 设置为45° 斜丝缕。然后固定①号片底部, 将②号片的外轮廓线打开, 加放1cm。对于③号片、④号片也进行同样的操作。对于衣领最后一个裁片 (G'E'F'), 用同样的方式进行操作, 加放1cm。

图4

借助曲线板画顺弧线CF'和AE', 这两条弧线的弧度因加放衣领尺寸而变大了。

图5   图5b

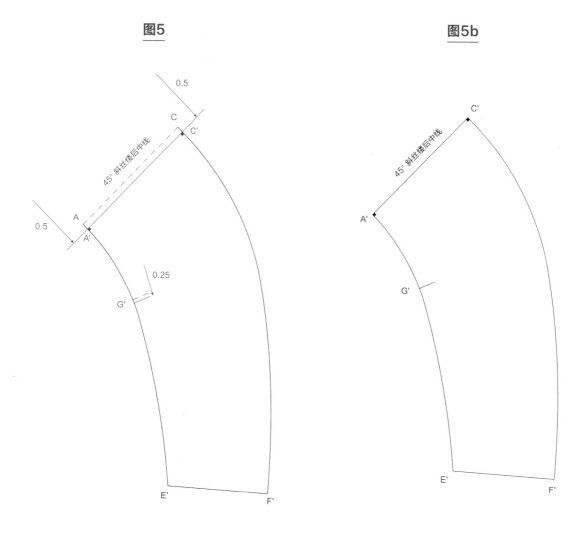

图5

1. 不要忘记将底领的后中线向内收0.5cm, 因为如果按照45°斜丝缕方向裁剪, 面料容易拉伸变形。将后中线（AC）向内收0.5cm, 得到A'C'。

2. 将肩缝对位刀眼（G'点）下移0.25cm, 使底领在绱领时与衣身尺寸相符。

3. 底领最终样板（图5b）。

图6

前片挂面和领面
前中线为直丝缕

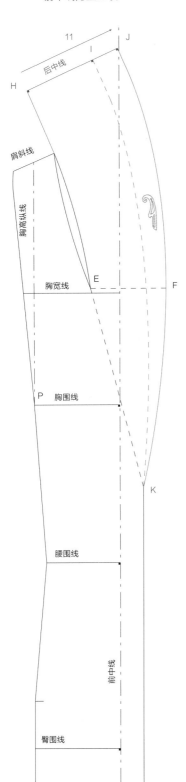

图6

前片挂面的制板方法与一体式青果领相同，后中线（HIJ）按
照理想领高加放至11cm。重新绘制前片挂面的外轮廓弧线
（JK）。

图7

前片挂面和领面
前中线为直丝缕

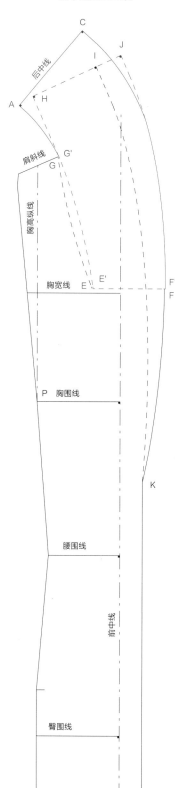

图7

1. 将调整后的底领（ACF'E'G'）置于前片挂面上，使G点和G'点、E点和E'点、F点和F'点相互重合。注意，此处绘制的是领面而非底领，因此后中线处不需要向内收0.5cm。

2. 将原先绘制的底领部分（红色虚线）删除。

图8

前片挂面和领面
前中线为直丝缕

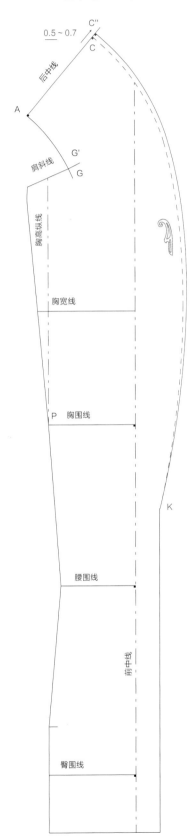

图9

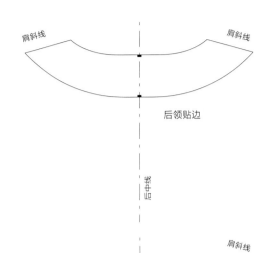

后领贴边

后领贴边

图8

1. 前片挂面包含领面部分, 因此, 不要忘记领面需向外加放一
定尺寸 (0.5~0.7cm)。

2. 本例中, 从C点沿后中线向外加放0.5cm, 得到C''点。

3. 从C''点向后中线 (AC'') 下方作垂线。借助这条垂线, 重
新绘制领面的外轮廓弧线, 并将其连接至衣领底部的K点。

图9

后领贴边的制板方法与前述的青果领相同, 基于没有垫肩的
自然肩斜线。

减小衣领尺寸:

*如果穿着时觉得领口太松, 就需要缩短外轮廓线, 制板方法与
制板戗驳领时减小衣领尺寸的方法是一样的。*

*利用衣领后部等分的裁片, 与前述的打开裁片放大青果领相
反, 现在应该将其闭合后叠放在一起, 减去一定尺寸。*

修改后, 将外轮廓弧线画顺。切记不可改变领底弧线的长度。

分体式西装领

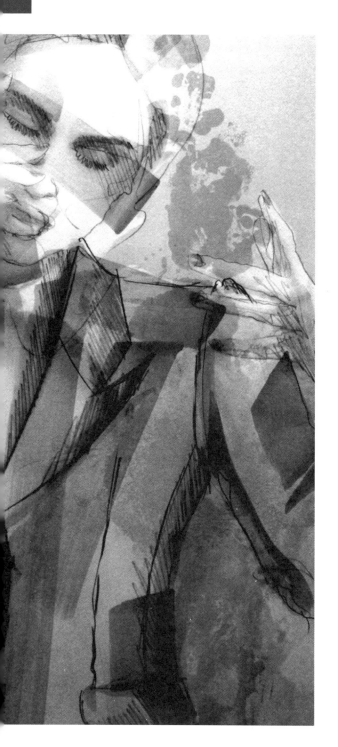

制板时，衣身和衣领之间需设置拼缝，以便绱领。

根据期望的效果设计领型，衣领可以带有弧度，甚至可以带有明显的弧度。

这款衣领基于西装衣身基础样板的领围部分进行制板，刚开始时呈平面状态，稍后转换为立体造型。

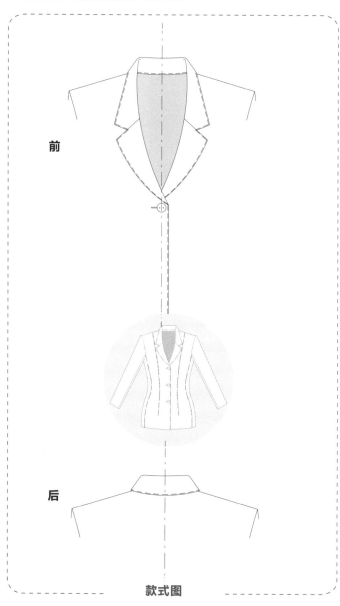

前

后

款式图

图1

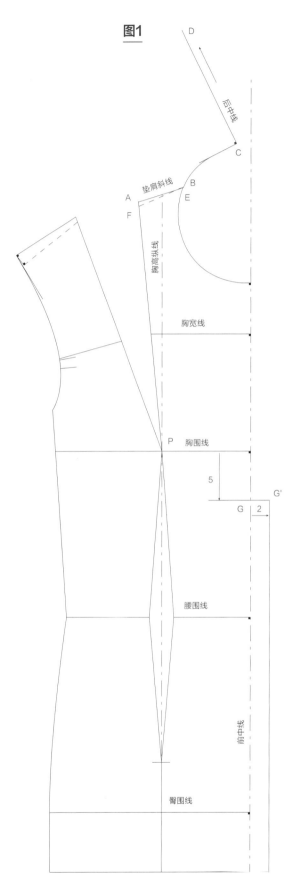

图1

1. 绘制西装衣身基础样板的前片，并将前片垫肩斜线（EF）与后片垫肩斜线（AB）对齐，绘制后片领围线部分（ABCD）。

2. 定位衣领底部，以便设置叠门量。本例中，在胸围线下方5cm（G点）处绘制一条水平线。

3. 确定叠门宽度。本例中，叠门量=2cm。从G点向右，在水平线上取2cm（G'点），并向下作垂线，使其平行于前中线。

图2

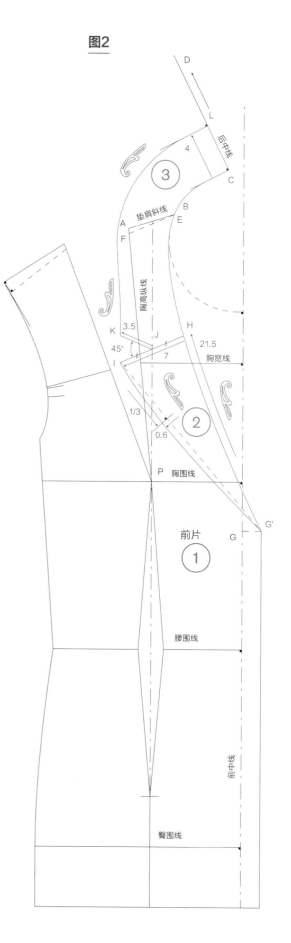

图2

确定前领的形状

1. 本例中,在颈侧点(E点)至之前定位的衣领底部(G'点)之间绘制前领弧线。

根据期望的风格定位串口线(H点)。本例中,从G'点至H点之间的距离为21.5cm。

2. 确定串口线的倾斜度和长度。本例中,串口线长度为7cm。

这款衣服的串口线末端(I点)位于胸宽线上。

用直线连接I点和G'点,然后在IG'长度的1/3处向下作垂线,在垂线上取0.6cm,再借助曲线板绘制驳领的边缘弧线,曲线板放置方向如图所示。

这条线最好绘制成弧线,从而使衣领形状更美观。

3. 取串口线(HI)的中点(J点),以便绘制驳领的凹口。这类驳领的凹口夹角通常为45°,在J点绘制一个45°的夹角,边长JK与JI长度相同,即JK=3.5cm。

从后片领围线起始位置(C点)沿后中线向下4cm(L点),设置后领高(CL)。在4cm处绘制后片领围线的平行线,然后借助曲线板连接至衣领的外轮廓弧线,并在到达I点之前由弧线转为直线。

4. 此时衣领呈现平面状态,需要将其转换成符合人体曲线的立体造型(衣领竖起,分为领座和翻领部分)。为了使衣领贴合颈部竖立起来,主要在后片进行转换。

图3

前片和底领

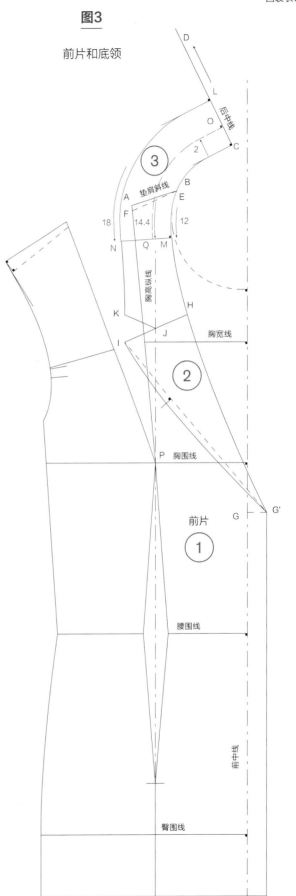

图3

1. 从C点向下，沿领围线取12cm（M点），对这部分衣领进行转换。

自M点向领围线左侧作垂线，连接至衣领外轮廓线（N点）。

2. 测量L点至N点的外轮廓线长度，LN=18cm。确定衣领外翻的最终位置。本例中，将衣领外翻线置于领围线外侧2cm处。与领围线（CM）保持平行，在其外侧2cm处绘制弧线，在后中线上得到O点，在垂线MN上得到Q点。

外翻线的最终位置（OQ）已经确定。可以根据设计需求适当调整这条线的位置，但它必须与领围线（CM）保持一定的距离，以免衣领完成后缝线外露。外翻线（OQ）与领围线（CM）之间至少应保留1cm的距离。

3. 测量弧线OQ的长度，OQ=14.4cm。

由此可知，衣领外轮廓线的长度超出实际所需的外翻线长度，两者之间的差值为18-14.4=3.6cm。

由此可知，要将衣领外翻至这条线（OQ）的位置，其初始长度（LN）应减短3.6cm。

图4b

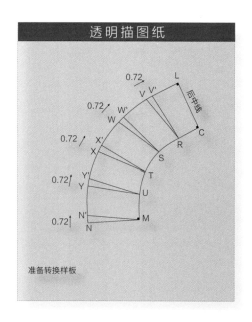

透明描图纸

准备转换样板

图4

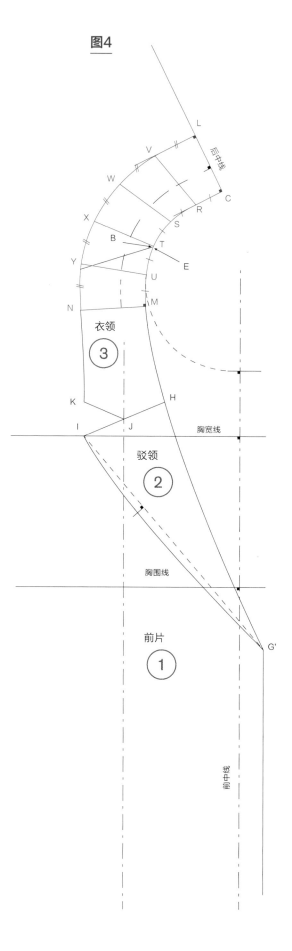

图4

1. 将需要转换的这部分衣领的长度（CM）五等分，由此得到R点、S点、T点、U点。在L点和N点之间进行同样的操作，由此得到V点、W点、X点、Y点。

用直线连接RV、SW、TX、UY。

2. 借助透明描图纸（图4b）拓描需要转换的这部分衣领（CRSTUMNYXWVL）。

3. 借助透明描图纸调整领量，使衣领外轮廓线（LN）的长度减短至与领围线外侧2cm处的弧线（OQ）长度相等。

需要减去的总领量为3.6cm。将其五等分，即3.6/5＝0.72cm，并平均分配至每个裁片。

在N点、Y点、X点、W点和V点右侧各取0.72cm，得到N'点、Y'点、X'点、W'点和V'点。

用直线连接MN'、UY'、TX'、SW'、RV'。

图5

转换后的衣领部分

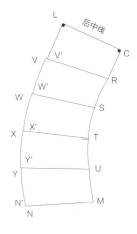

图6

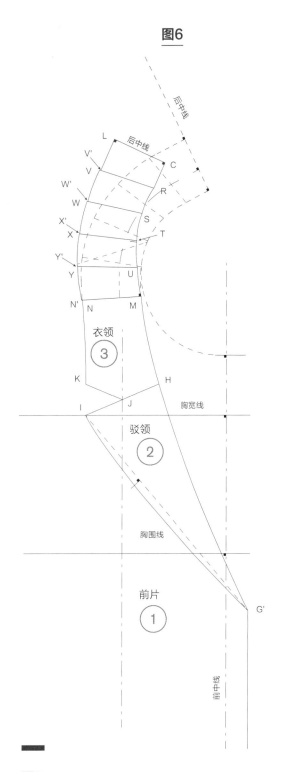

图5

1. 另取一张绘图纸，复制这部分衣领的底部（MN）。固定M点，旋转透明描图纸，直至N'点与N点重合。

复制MN'YU部分，然后固定U点，旋转透明描图纸，直至Y点与Y'点重合。

复制UY'XT部分，然后固定T点，旋转透明描图纸，直至X'点与X点重合。

复制TX'WS部分，然后固定S点，旋转透明描图纸，直至W'点与W点重合。

复制SW'VR部分，然后固定R点，旋转透明描图纸，直至V'点与V点重合。

最后复制RV'LC部分。

2. 转换后的这部分衣领（MNLC）形状较直，成为领座和翻领的制板基础。

图6

1. 将转换后的衣领置于前片纸样的MN上，复制这部分衣领。

2. 不要忘记重新设置肩缝对位刀眼。

由此得到转换后的衣领的新样板。

图7

将转换后的弧线画顺

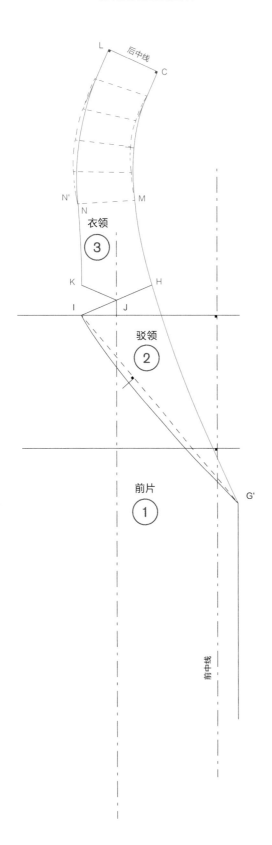

图7

1. 分别从L点和C点向新的后中线（LC）下方作垂线，然后重新绘制领子的内外弧线，衣领外轮廓线上已经减小了3.6cm领量。*注意：衣领外轮廓线上减小的领量越多，衣领的形状越直，与衣身进行缝合时，后颈处竖起的衣领则越高。*

2. 检查转换后的衣领竖立在颈部的形态如何，观察并判断是需要闭合更多领量，还是需要再打开一些。

图8

转换后的衣领, 已画顺弧线

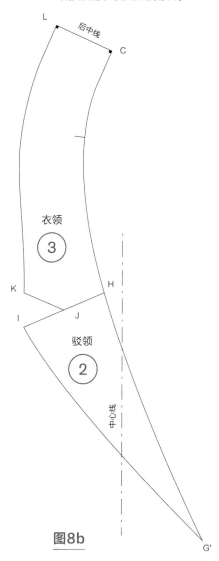

图8

1. 之前绘制的衣领和驳领轮廓线与底领相对应。

2. 同之前一样, 底领沿45° 斜丝缕方向裁剪, 在后中线处拼缝。借助透明描图纸 (图8b) 将底领部分拓描至绘图纸上, 并将后中线设置为直丝缕。

3. 和之前一样, 将后中线向内收0.5cm, 以抵消斜丝缕裁剪的衣领可能出现的拉伸变形量, 由此得到新的后中线 (C'L')。不要忘记将肩缝对位刀眼下移0.25cm, 使底领在车缝时与衣身的尺寸相符。

由此得到了底领的最终样板 (图8c)。

图8c

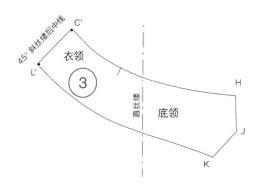

图8b

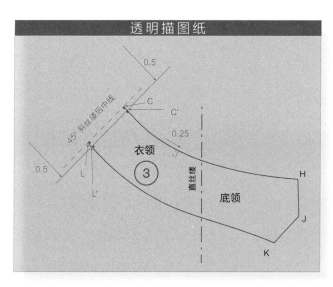

图9

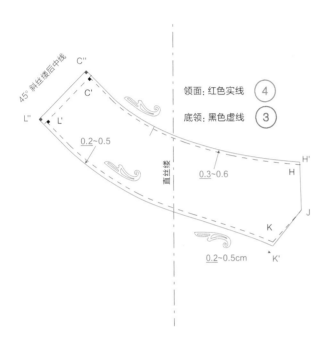

图9b

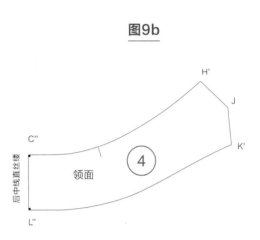

—————

图9

1. 根据底领绘制领面时, 需要加放一定尺寸, 以便衣领下翻后能有更好的效果。领面为直丝缕方向, 在后中线处对折裁剪, 没有拼缝。领面不太容易拉伸变形, 因此不需要像底领一样减去0.5cm。

将底领后中线 (C'L') 向外加放0.5cm, 得到领面的后中线 (C"L")。

2. 领面的外口弧线要在底领外口弧线 (L'K) 的基础上, 根据面料厚度加放0.2~0.5cm。本例中, 从K点和L'点向外加放0.2cm, J点保持不变, 重新绘制外口弧线 (L"K'), 然后用直线连接K'点和J点。

3. 领面的内缘弧线也需要在底领内缘弧线 (C'H) 的基础上, 根据面料厚度加放0.3~0.6cm。本例中, 从H点和C'点向外加放0.3cm, 重新绘制内缘弧线 (C"H'), 然后用直线连接H'点和J点。

确定领面的最终样板, 将后中线设置为直丝缕 (图9b)。

图10

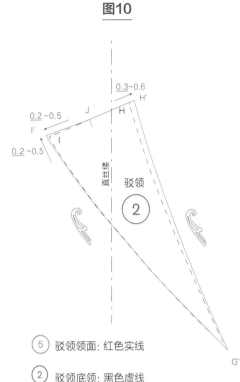

图10

1. 需要分离驳领样板, 因为它也是分体式裁片。不要忘记在分离之前设置直丝缕。

至于驳领领面, 为了使其更好地翻卷, 同样需要在底领的基础上加放一定尺寸。驳领领面与之前衣领领面加放的尺寸相同, 即外口弧线加放0.2~0.5cm, 内缘弧线加放0.3~0.6cm。

2. 本例中, 将I点沿对角线方向向外加放0.2cm (I'点), J点固定不变, 然后借助曲线板分别连接I'点和G'点、J点, 曲线板放置方向如图所示。

将H点沿JH的延长线向外加放0.3cm (H'点), 然后借助曲线板连接H'点和G'点。

3. 重新绘制分体式驳领领面 (图10b) 和底领 (图10c)。

⑤ 驳领领面: 红色实线

② 驳领底领: 黑色虚线

图10b

驳领领面

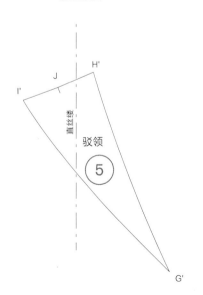

图10c

驳领底领

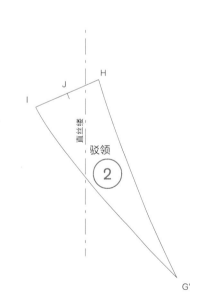

图11b

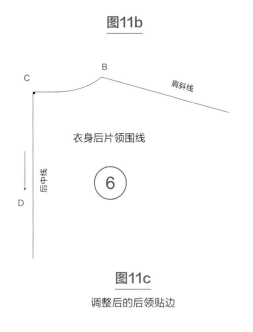

C　　　　　B　　　肩斜线

衣身后片领围线

⑥

后中线

D

图11c

调整后的后领贴边

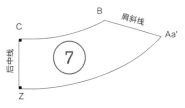

C　　　B　　肩斜线

⑦　　　　　Aa'

后中线

Z

图11

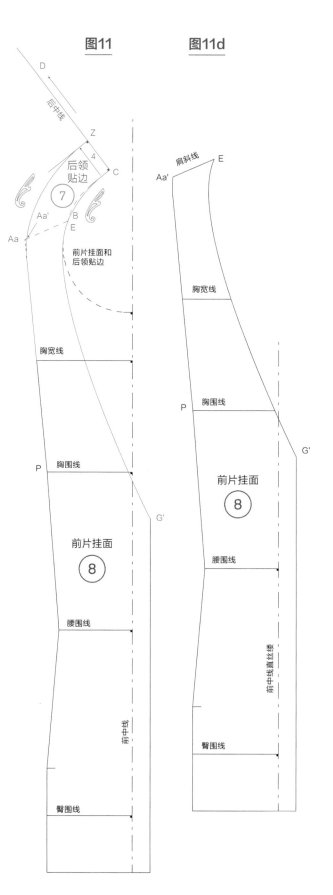

1. 前片挂面将与衣领领面和驳领领面拼缝。

2. 制板时,需取西装衣身基础样板的后片领围线BCD部分(图11b),应绘制自然肩斜线而不是垫肩斜线,因为垫肩将被包裹在面料和衬里之间。

对齐自然肩斜线后,在前、后片颈侧点处(E点、B点)产生了一个夹角。借助曲线板画顺C点和B点之间的曲线,使其与前片领围弧线(EG')顺滑地连接起来。

然后,沿后中线,从C点向下取4cm(Z点),确定后领贴边的高度。

从Z点向后中线下方作垂线,然后借助曲线板绘制曲线,使其与垂线相切,且与肩省第一省边(AaP)连接起来。

3. 将后领贴边(BCZAa')和前片挂面(G'EAa')分开,后领贴边可以沿后中线对折裁剪(图11c)。

4. 将前片挂面的前中线设置为直丝缕(图11d)。

无串口线衣领制板

图12b

无串口线的底领

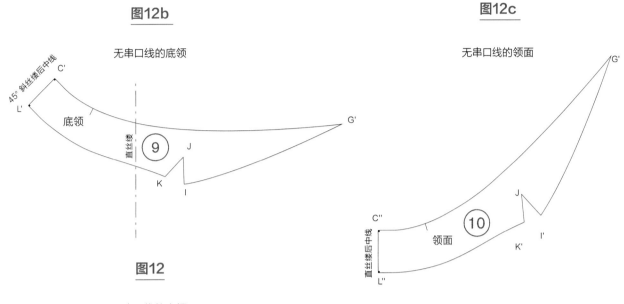

图12c

无串口线的领面

图12

无串口线的衣领
加放尺寸

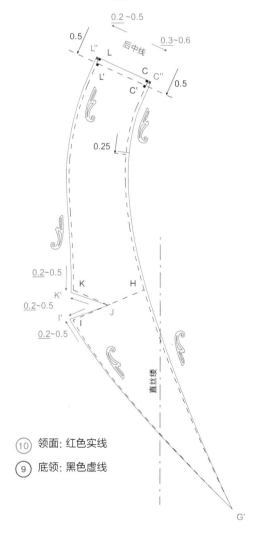

⑩ 领面：红色实线

⑨ 底领：黑色虚线

图12

1. 这款衣领也可以不设置串口线（无拼缝）。只需重新绘制整个衣领（CHG'IJKL），然后删掉J点和H点之间的直线即可。

2. 制板时，领面加放量与有串口线的分体式衣领相同，即

– 外缘弧线，在L点和K点加放0.2~0.5cm，然后与固定不动的J点连接起来。不要忘记在L"点保持直角。

– 内缘弧线，在C点加放0.3~0.6cm，然后借助曲线板将其连接至衣领底部（G'点）。不要忘记在C"点保持直角。

3. 同理，重新设置肩缝对位刀眼。

4. 由于底领需沿45°斜丝缕方向裁剪，不要忘记将后中线向内收0.5cm。

肩缝对位刀眼也需同步移动0.25cm，以保持衣领与衣身的协调与平衡。

5. 重新绘制底领（C'G'IJKL'），并将后中线设置为45°斜丝缕（后中线处有拼缝），使后领形状更加圆顺（图12b）。

6. 重新绘制领面（C"G'IJK'L'），并将后中线设置为直丝缕（后中线处无拼缝），如有需要可沿后中线对折裁剪（图12c）。

7. 后领贴边（图11c）和前片挂面（图11d）保持不变。

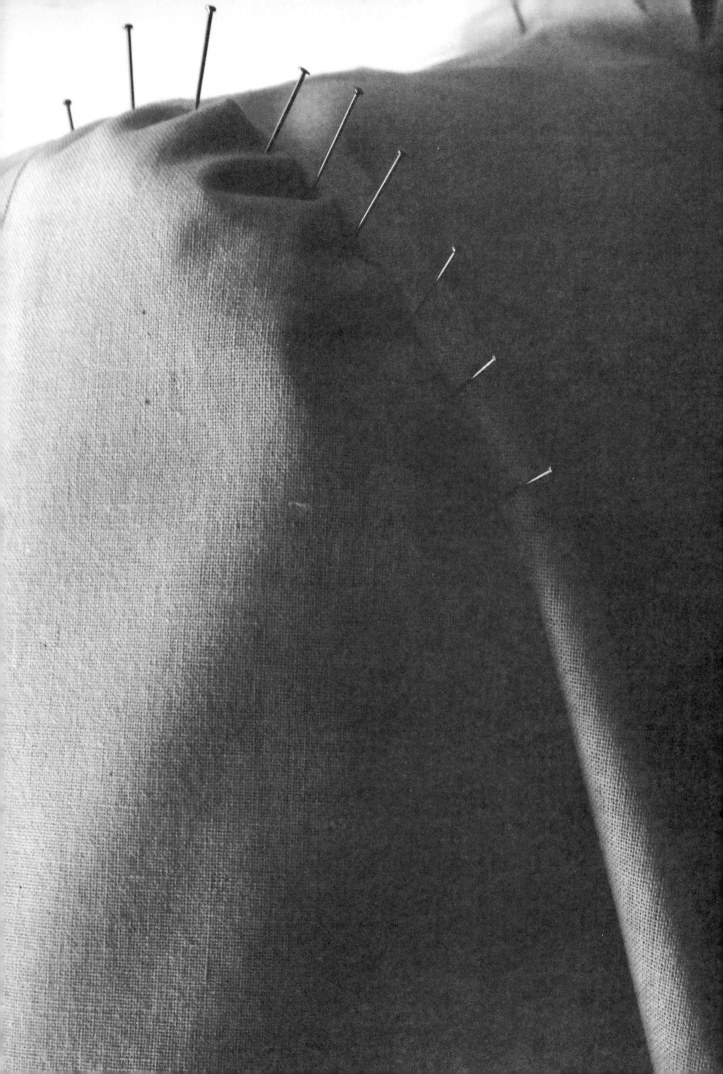

3

西裝衣袖

西装袖

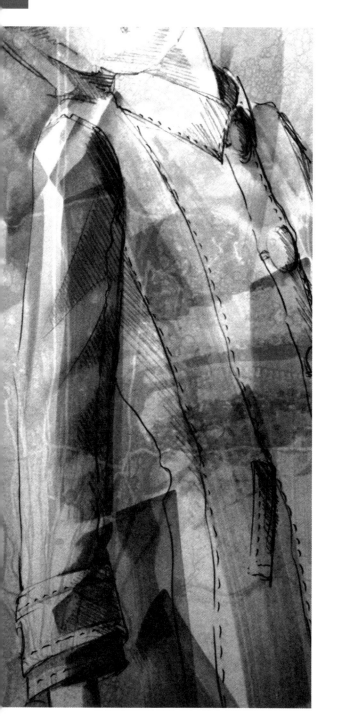

西装袖由两个部分（大袖片和小袖片）组成，在肘部微微弯曲以配合手臂造型。袖子的宽度和袖山高应该依据袖窿的长度和深度来确定。

注意：西装袖应保持2~4cm的袖山吃势量。

后　　　　　　　　前

款式图

图1

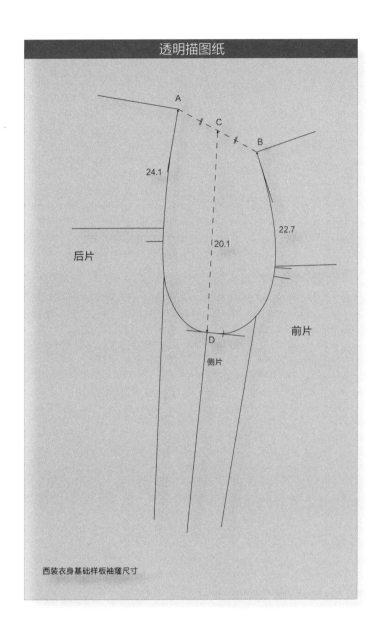

透明描图纸

24.1

后片

20.1

22.7

前片

D

侧片

西装衣身基础样板袖窿尺寸

图1

1. 为了确定袖窿深度，用直线（AB）连接西装衣身基础样板前、后片的外肩点，然后取其中点（C点），连接至袖窿底部（D点）。由此得到袖窿深度（CD）=20.1cm。

取袖窿深度的4/5作为袖山高，即20.1×4/5=16.08cm。

在制板过程中，小袖片袖窿底部会下降0.5cm，所以在定位袖山深线时，需要预留这个尺寸。因此，袖山高需减去0.5cm，即16.08-0.5=15.58cm。

2. 为了确定袖子的宽度，先测量A点和B点之间的袖窿总长度（后袖窿24.1cm+前袖窿22.7cm），然后取其3/4，即（22.7+24.1）×3/4=35.1cm。

3. 前衣袖到达手腕的位置，因此确定袖长为62cm。

4. 在这个样板中，大袖片宽度为袖子总宽度的2/3，而小袖片为1/3。

图2

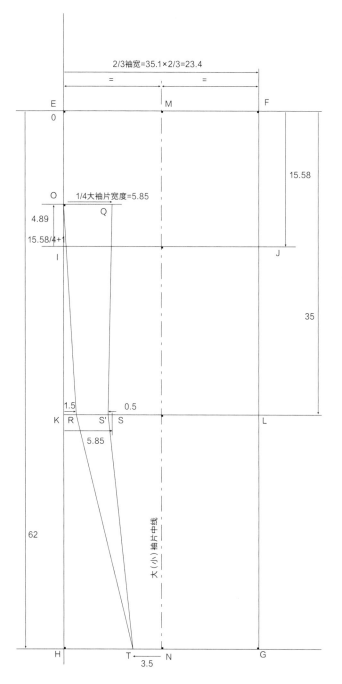

图2

1. 根据大袖片宽度和袖长绘制长方形基础框架（EFGH），即

— 长方形的宽度=大袖片宽度=35.1×2/3=23.4cm

— 长方形的长度=袖长=62cm

在E点下方15.58cm处绘制袖山深线（IJ）。

在E点下方35cm处绘制肘线（KL）。

取长方形宽度的1/2，即23.4/2=11.7cm定位大袖片中线（MN）。

2. 取1/4袖山高，再加上1cm，即15.58/4+1=4.89cm，定位大袖片外弧线的顶点（O点）。

在长方形基础框架的左边，从袖山深线（I点）向上取4.89cm，得到O点。

从O点向右，画一小段垂直于EH的水平线。

3. 取1/4大袖片宽度，即23.4/4=5.85cm，确定小袖片的尺寸。在制板过程中，为了保持大小袖片之间的平衡，将会多次用到5.85cm这个数值。

从O点向右，在水平线上取5.85cm，从而得到小袖片外弧线的顶点（Q点）。

4. 在肘线上，从K点向右取1.5cm，得到R点。然后再次从K点向右取5.85cm，得到S点。从S点向左取0.5cm，得到S'点。在基础框架底边（HG）上，从中点（N点）向左取3.5cm，得到T点。

用直线连接O点、R点、T点，代表大袖片外弧线；用直线连接Q点、S'点、T点，代表小袖片外弧线。

图3

图3

1. 从基础框架底边（HG）向上，在3cm处绘制一条平行线（UV），代表减去肘弯部分长度的内弧线袖长。

2. 确定大小袖片内弧线。

从V点在水平线上向左量取5.85cm，得到W点。从L点在肘线上向左量取2cm，得到X点。再次从X点向左取5.85cm，得到Y点。

在袖山深线上，从J点向左取5.85cm，得到Z点。用直线连接W点、Y点、Z点，代表小袖片内弧线；用直线连接V点、X点、J点，代表大袖片内弧线。

3. 将两条直线向上延伸至袖山深线（JZ）外1cm处，得到J'点、Z'点。*J'点略超出基础框架图。*

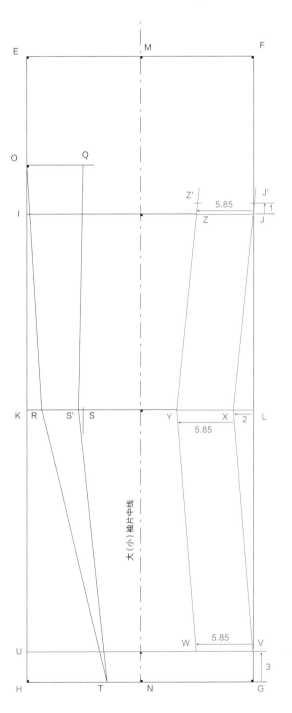

图4

图5

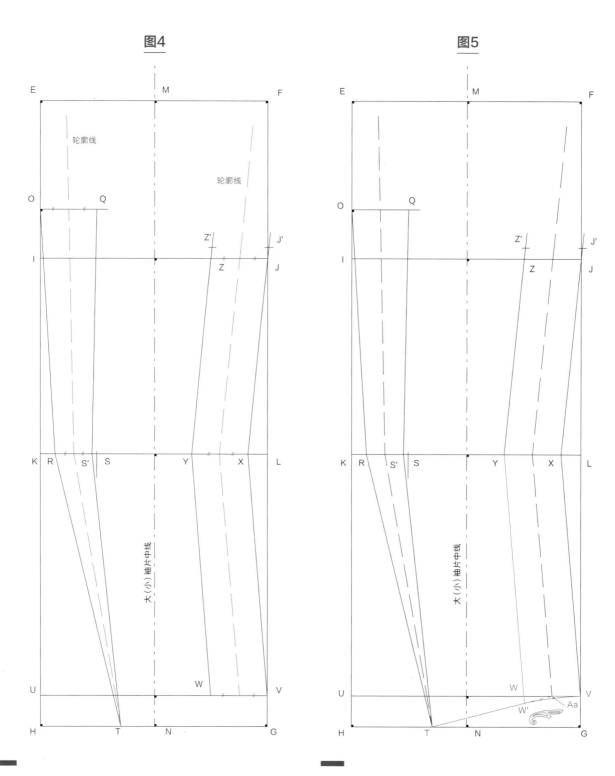

图4

1. 从袖子侧面轮廓线可以查看成品袖子的大小。

为此，取OQ、RS'的中点并用直线连接至T点，取VW、XY、JZ的中点并用直线连接起来，从而得到袖子的侧面轮廓线。

2. 将轮廓线向上延伸至袖山处，作为后期制板参考线。

图5

1. 连接T点和Aa点（内弧轮廓线与水平线UV的交点），绘制袖口线，借助曲线板画顺Aa点处形成的转角线条。

2. 将小袖片内弧线向下延伸至袖口线（W'点）。

图6

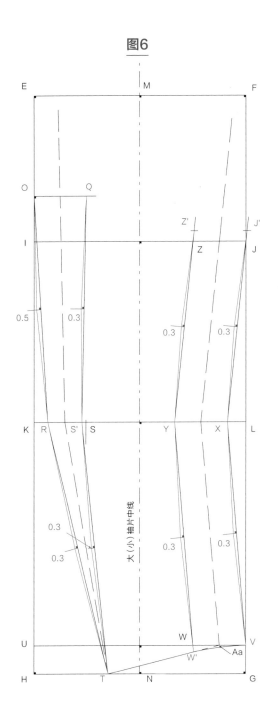

图7

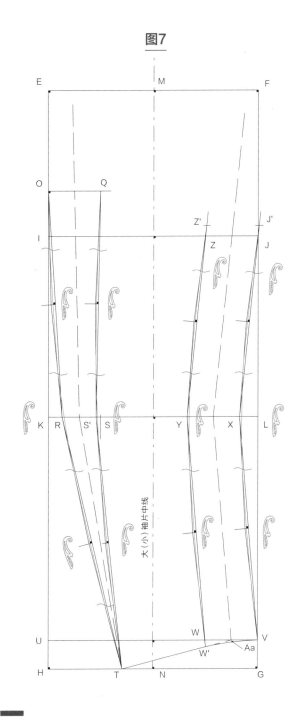

图6

1. 在绘制大（小）袖片内（外）弧线时，由于曲线板长度较短，如果没有足够长的云尺，可以借助直尺分段绘制以下线段：OR、RT、QS'、S'T、Z'Y、YW'、J'X和XV。

2. 取以上线段的中点，并作垂线：

– 在内弧线的垂线上向左取0.3cm。

– 除了在OR的垂线上向右取0.5cm，在外弧线的其余垂线上，均向右取0.3cm。

图7

1. 借助直尺分段后，可借助曲线板将各处转角线条画顺，曲线板的放置方向如图所示。

内（外）弧线的端点与肘线之间的每条线段都被中点处的垂线大致分为两段。

2. 不要忘记画顺肘线上R点、S'点、Y点、X点处的转角线条。

图8

拼拢大、小袖片的内、外弧线，调整袖口线

1. 借助透明描图纸（图8b）拓描大袖片部分（XVTR），然后将大袖片内弧线移至小袖片内弧线（YW'）上，继续拓描小袖片部分（YW'TS'），最后将小袖片部分移至大袖片外弧线（TR）上，再次拓描大袖片部分（XVTR）。

2. 本例中，需要使用直尺修正外弧线底部（T点），使袖口线抬高，得到T'点。修正后的袖口线应与之前的基础线相切。

3. 用锥子标记调整后的袖口线，并将其拓描至纸样上，重新绘制袖口线。

图8

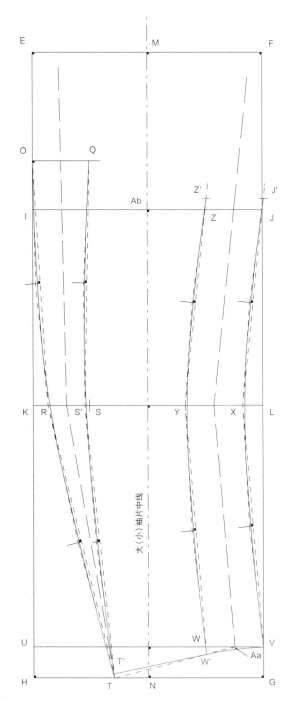

图8b

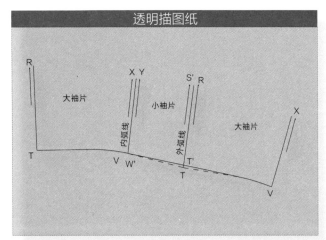

图9

绘制袖山结构线

1. 在中心线（M点）两侧的水平线上各取1cm。

为了绘制大袖片袖山线，用直线分别连接后片O点和M点，前片M点和J'点。

2. 将后片直线OM（15.78cm）三等分，从第一个等分点（15.78/3=5.26cm）向OM上方作一条1.9cm长的垂线。

在后片OM上作一条垂线，使其与轮廓线相交于垂线1cm处。

在前片MJ'上取后片直线OM三等分距离（5.26cm）的两倍，从第一个等分点向MJ'上方作一条2.4cm长的垂线，从第二个等分点向MJ'上方作一条1.9cm长的垂线。

在前片MJ'上作一条垂线，使其与轮廓线相交于垂线1cm处。

3. 至于小袖片，从袖中线上的Ab点，沿袖山深线向右取1.5cm并标记该点，再从该标记点垂直向下0.5cm，得到Ac点。

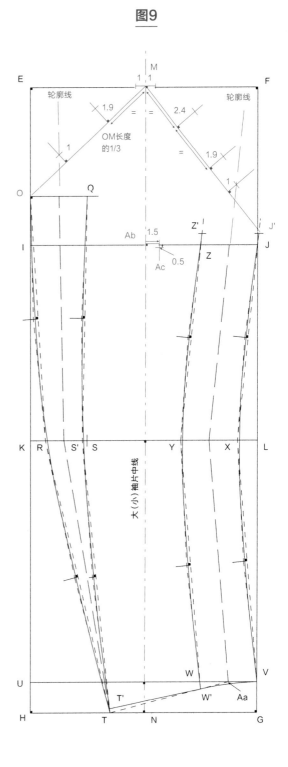

图9

图10b

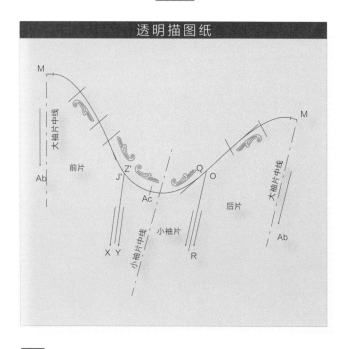

透明描图纸

图10

1. 为了绘制袖山弧线，需要借助透明描图纸（图10b）闭合大小袖片的内弧线和外弧线。

拓描大袖片中线（MAb）及其右侧1cm水平线，2.4cm垂线、1.9cm垂线、1cm垂线的标记点和大袖片内弧线（J'X）。

绘图纸上绘制的是大袖片左侧样板，为了便于构图，小袖片位于大袖片内部，因此需要翻转透明描图纸，以便继续拓描。

将大袖片内弧线（J'X）移至与小袖片内弧线（Z'Y）重合，拓描0.5cm处的标记点（Ac点）、袖中线（MAb）和小袖片内弧线（QS'）。

2. 再次翻转透明描图纸，将小袖片外弧线（QS'）移至与大袖片外弧线（OR）重合，拓描1cm垂线、1.9cm垂线的标记点，袖中线（MAb）及其左侧1cm水平线。

用直线连接O点与后片1cm垂线的标记点，并延伸至标记点外。

3. 借助曲线板绘制袖山弧线，注意使其经过每个标记点。曲线板的放置方向如图所示。

在透明描图纸上完成袖山弧线的绘制后，将其用锥子标记并拓描至绘图纸上，再将纸样上的袖山弧线绘制完整。

图10

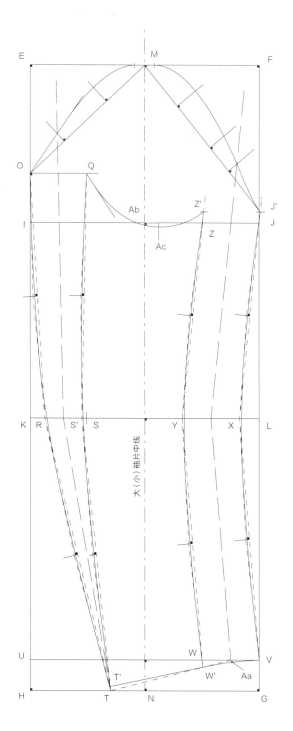

图11

1. 设置袖子车缝对位刀眼：

– 从Ac点向上，在前片袖山弧线上取10cm，设置第一个刀眼，再向上1cm，设置第二个刀眼。

– 从Ac点向上，在后片袖山弧线上取11cm，设置刀眼。

2. 为了在袖山上设置与衣身肩缝对应的车缝对位刀眼，分别从前片10cm处刀眼、后片11cm处刀眼向上，在两处刀眼之间的袖山弧线上取袖窿弧线的对应长度，即前片12.7cm（得到Ad点）、后片13.1cm（得到Ae点），由此得到袖山吃势量为1.8+1.8=3.6cm。

	后片	前片
袖山:	14.9	14.5
袖窿:	13.1	12.7
差值:	1.8	1.8

3. 取袖山吃势量（AdAe）的中点，即3.6/2=1.8cm，设置肩缝对位刀眼。本例中，这个中点正好位于袖中线上。

从Ad点向左，在袖山弧线上取1.8cm，设置肩缝对位刀眼（M点）。

如果袖山吃势量过大，可以将10cm及11cm处的刀眼向上移动0.5cm，使其分别位于距离Ac点10.5cm及11.5cm处，由此，既可以在车缝对位刀眼下方保留一些吃势量，也可以因此减小袖山吃势量（1.3+1.3=2.6cm）。在衣身样板上，袖窿车缝对位刀眼位置不变，即前片10+1cm处，后片11cm处。

	后片	*前片*
袖山:	*14.4*	*14*
袖窿:	*13.1*	*12.7*
差值:	*1.3*	*1.3*

4. 西装袖需要通过熨烫进行造型处理，因此在内弧线和外弧线上设置车缝对位刀眼是非常重要的。

在肘线的R点、S'点、Y点、X点上方，分别在大、小袖片内、外弧线上取5cm，设置车缝对位刀眼。

大袖片内弧线5cm处刀眼与V点之间的距离比小袖片内弧线上5cm处刀眼与W'点之间的距离短，这种情况很正常，之后需要通过熨烫拔长大袖片内弧线部分，从而使衣袖与手臂形状相符。

5. 在肘线的S'点下方，在小袖片外弧线上取6.5cm，设置车缝对位刀眼。测量刀眼至袖口线（T点）之间的距离，本例中，其长度为20.6cm。

然后，在大袖片外弧线上，从袖口线（T点）向上取同等长度（20.6cm），设置车缝对位刀眼。

小袖片外弧线上两个刀眼之间的距离（11.5cm）小于大袖片外弧线上两个刀眼之间的距离（12.2cm）。同理，这种情况很正常，之后需要通过熨烫归拢大袖片外弧线部分的吃势量，从而更好地缝合袖子。

图11

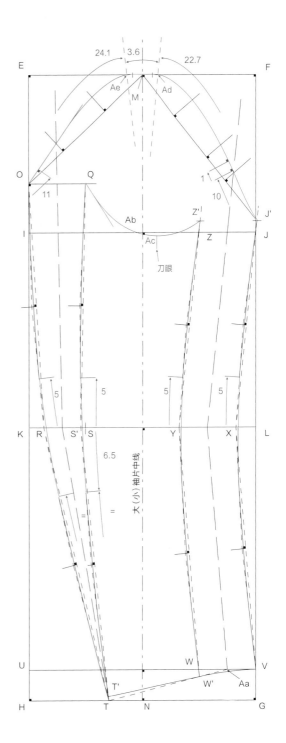

图12

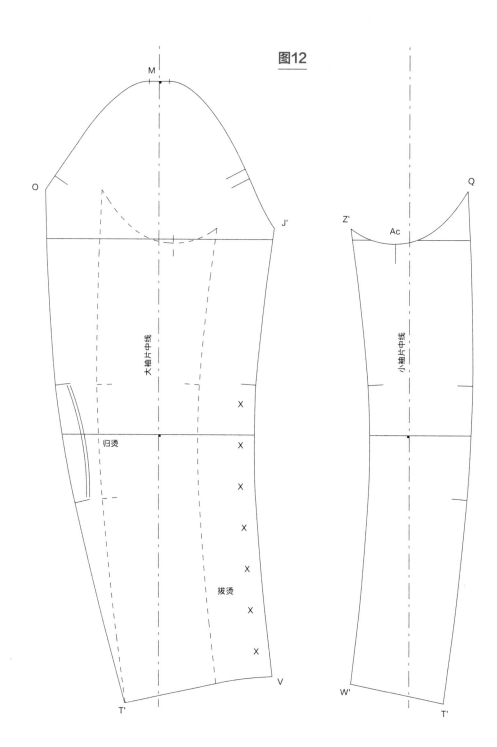

图12

由此得到西装袖的样板。

1. 应将小袖片移至大袖片右侧,从而使内弧线处于相对位置。

2. 至于大袖片,车缝前需要:

- 拔烫内弧线上车缝对位刀眼至袖口(V点)之间的部分。

- 归烫外弧线上两个车缝对位刀眼之间的部分。

袖衩的两种制作方法

图13

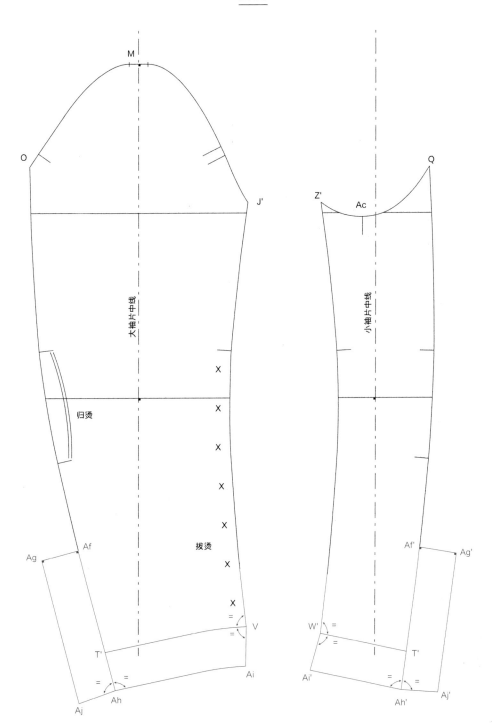

图13

第一种方法

1. 确定袖衩折边的尺寸，对折缝份，形成袖衩。如果采用这种方法，修改袖口底边时不会有任何问题，因为无需修剪缝份，可以完整保留缝份量。但是由于保留下来的缝份量会增加厚度，最终成品有欠美观。

2. 制板前，需要确定袖衩开口的理想长度。本例中，成品袖衩长10cm。从大、小袖片的袖口（T'点）向上，在外弧线上取11cm，分别得到Af点、Af'点。

从Af点、Af'点向外，作一条4cm长的垂线，分别得到Ag、Ag'点，然后再向下绘制外弧线（AfT'、Af'T'）的平行线，并延伸至袖口线下方4cm处。

3. 将大小袖片外弧线（AfT'、Af'T'）延伸至T'点以外4cm处，分别得到Ah点、Ah'点。

在距离袖口线4cm处的Ah点、Ah'点，分别绘制大小袖片袖口线的平行线。

4. 借助透明纸描图纸（图13b）拓描各处转角：

- 大袖片：T'VJ'处的转角。固定V点，将转角拓描至袖口线的另一侧，与袖口线的平行线（AhAi）相交于Ai点。

- 小袖片：T'W'Z'处的转角。固定W'点，将转角拓描至袖口线的另一侧，与袖口线的平行线（Ai'Ah'）相交于Ai点。

5. 重新绘制以下转角：

- 大袖片：AfAhAi处的转角。固定Ah点，将转角拓描至外弧线的另一侧，与外弧线的平行线（AgAj）相交于Aj点。

- 小袖片：Af'Ah'Ai处的转角。固定Ah'点，将转角拓描至外弧线的另一侧，与外弧线的平行线（Ag'Aj'）相交于Aj'点。

6. 完成第一种袖衩的制板。

图13b

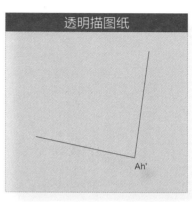

图14

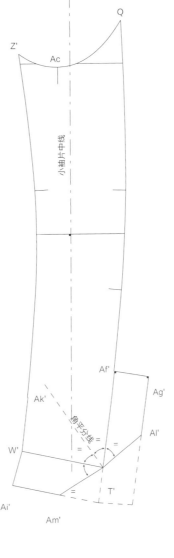

图14b

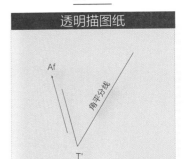

图14c

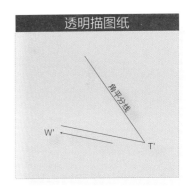

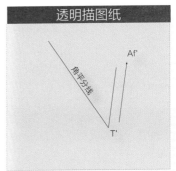

图14

第二种方法

1. 在大小袖片外弧线转角处留出袖衩折边的尺寸,并设置斜接角。如果采用这种方法,之后袖口处很难进行调整,尤其是无法延长袖子,因为在设置斜接角时,为了达到更好的效果,已修剪去除了多余面料。这种方法的优点是袖口处的收边效果更美观,因为厚度减少了。

2. 这种制板方法的起始步骤与第一种方法相同,之后的步骤因设置斜接角而出现一些变化。

3. 分别取大袖片外弧线转角AfT'V和小袖片外弧线转角Af'T'W'的角平分线,得到Ak点和Ak'点。

4. 对于大袖片,借助透明描图纸(图14b)拓描角AfT'Ak和AkT'V。固定T'点,将两个角分别拓描至AfT'和T'V的另一侧,得到Al点和Am点,构成了斜接角的缝边。

5. 对于小袖片,借助透明纸描图纸(图14c)拓描角Af'T'Ak'和Ak'T'W'。固定T'点,将两个角分别拓描至Af'T'和T'W'的另一侧,得到Al'和Am'点,构成了斜接角的缝边。

6. 完成第二种袖衩的制板。

图15

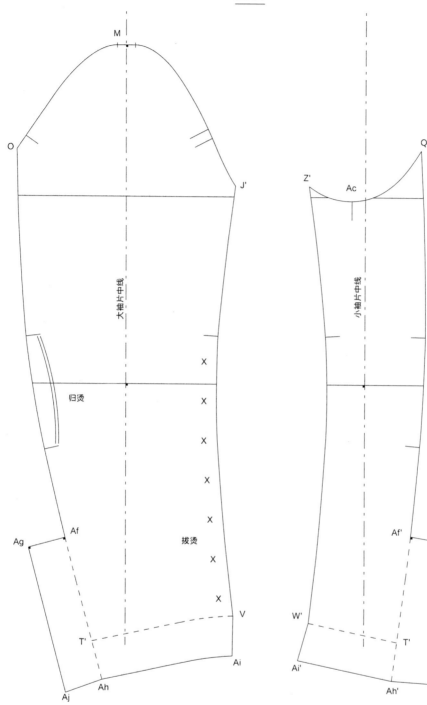

图15

采用第一种袖衩制作方法的西装袖基础样板。

图16

采用第二种袖衩制作方法的西装袖基础样板。

袖子的缝制

车缝前，需拔烫大袖片内弧线部分，使其与小袖片内弧线长度相符。经过处理，袖身微微弯曲，其造型符合手臂的形状。

1. 拔烫处理后，缝合大、小袖片内弧线。分烫缝份，整烫袖子内弧线部分，增加肘部弯势。

整烫时，需将小袖片平摊于烫台上，由于无法将面料放平，大袖片会自然地出现吃势量。注意，不可使肘部产生水平褶痕。

图16

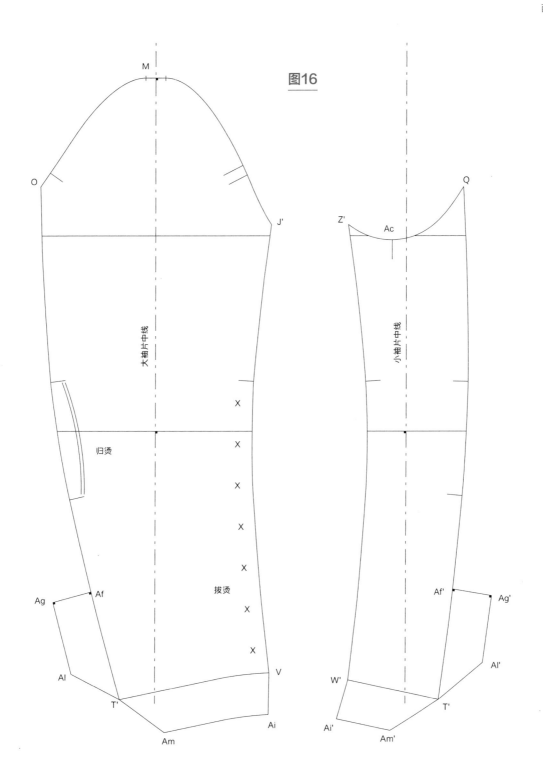

2. 熨烫至内弧线外大约3cm处，与大袖片平行，归拢吃势量。*所用面料应能承受归拔熨烫处理。*

3. 归拢完吃势量后，再次进行整烫，将归拢部位和大袖片其余部位面料上出现的褶痕熨烫平整。

将大袖片向小袖片折叠，检查整体效果，并观察袖子的弯势是否美观，手臂上部形成的弧线是否平顺均匀。

4. 缝合大、小袖片外弧线，并在大袖片外弧线两个车缝对位刀眼之间缝两道缝缩线，以便归拢肘部余量。

5. 用缝缩线归拢袖山吃势量，然后对齐刀眼，缝合袖山与衣身袖窿，确保袖子的悬垂性。袖子与衣身缝合后，袖子应与地面垂直或略向前倾，不可偏向后身。

耸肩袖

这款袖子在西装袖样板上进行制板。

也可以用其他袖子（如合体袖、衬衫袖等）样板。

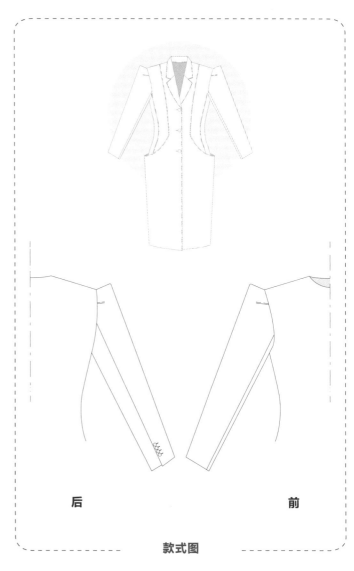

后　　　　　　　　　　　　前

款式图

图1

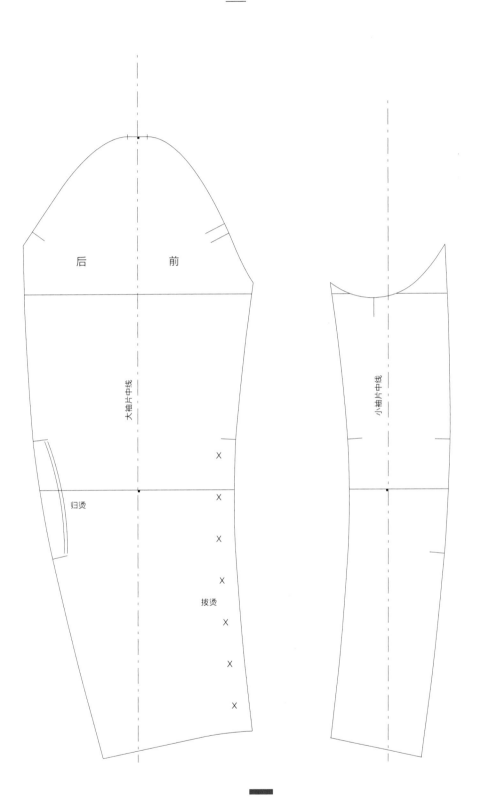

后　　前

大袖片中线

小袖片中线

归烫

拔烫

图1

绘制西装袖样板的大袖片和小袖片。

图2

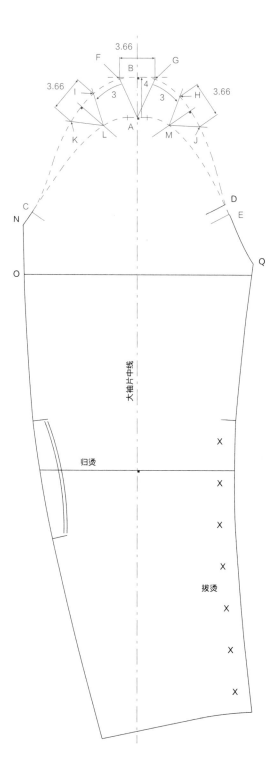

图2

1. 这个款式的袖山吃势量较大，因此需要设置多个省道以去除部分余量。本例中，设置三个省道，其中最长的省道长4cm，位于大袖片中线处。

2. 在大袖片中线上，从A点向上量取4cm，得到B点。在B点绘制一小段水平线，与中线垂直，然后借助曲线板，重新绘制大袖片的袖山弧线，使其与基础样板的袖山弧线相切于前、后片刀眼（E点和C点）。

3. 测量前、后片新的袖山弧线长度，计算其与西装衣身基础样板的前后片袖窿弧长之间的差值。

	后片	前片
袖山:	18.3（CB）	18.5（EB）
袖窿:	24.1-11=13.1	22.7-10=12.7
差值:	5.2	5.8

总差值为5.2+5.8=11cm，对应需要设置省道去除的吃势量。

将总差值三等分，即每个省道的省量为11/3=3.66cm。

4. 在大袖片中线上设置第一个省道。在中线（B点）两侧各取一半省量，即3.66/2=1.83cm，得到F点和G点。用直线连接A点和F点、A点和G点，对应第一个省道的两条省边。

5. 确定省道之间的距离。本例中，其间距为3cm。从F点和G点向下，在袖山弧线上取省道间距3cm，分别得到I点和H点。

从H点和I点向下，在袖山弧线上取省量3.66cm，分别得到J点和K点。取HJ和IK的中点并向下作垂线，与基础样板袖山弧线分别相交于M点和L点。

绘制两个省道的省边（KL、IL、HM、JM）。

如果希望前片和后片上的省道处于同一条水平线上，可以将L点、M点和K点、J点设置在同一条水平线上。在这种情况下，省道之间的距离不相等。

图3

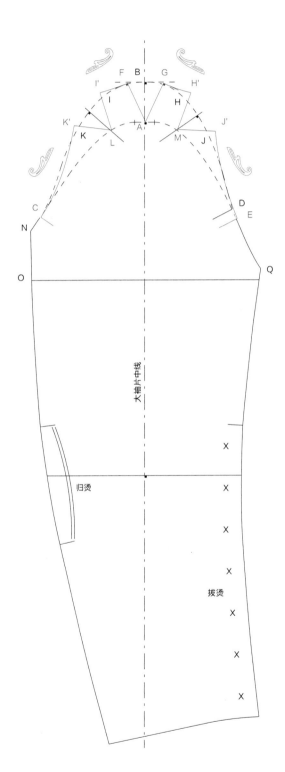

图3

1. 借助透明描图纸（图3b）拓描外弧线（NO）和袖山弧线（NK）并标记刀眼（C点），旋转透明描图纸闭合省道，使省边（LK与LI）重合，然后继续拓描袖山弧线（IF）。

再次旋转闭合省道，使省边（AF与AG）重合，继续拓描袖山弧线（GH）。用同样方法旋转闭合下一个省道，使省边（MH与MJ）重合，拓描完最后一段袖山弧线并标记刀眼（D点和E点），以及内弧线（QR）。后片袖山弧线NC部分和前片袖山弧线QE部分保持不变。

在F点和G点处作垂线，与中线垂直，然后调整袖山弧线，在省道闭合处得到K'点、I'点、H'点、J'点。

2. 由于设置了省道，袖山弧线发生了变化，需要检查调整后的袖山弧线（CK'I'FGH'J'DE）的长度。如有必要，可以均匀地调整每个省道的省量，使袖山弧线的长度保持不变。

将袖山弧线用锥子标记并分段拓描至绘图纸上，将纸样上的袖山弧线绘制完整。

图3b

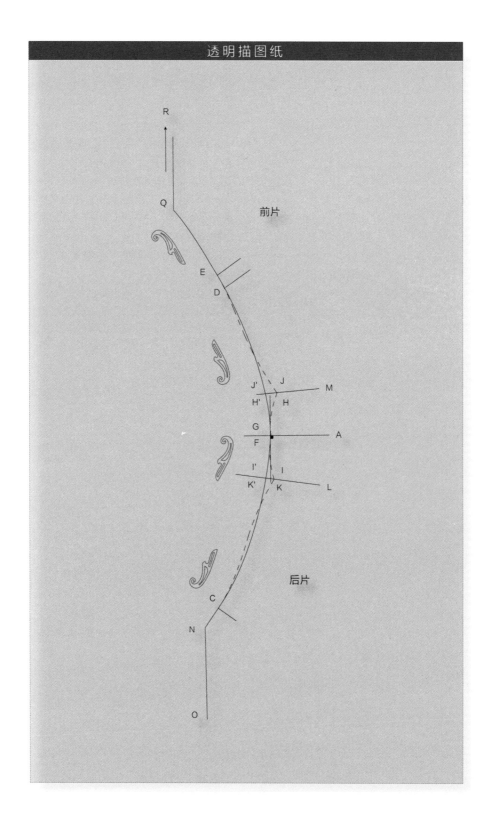

图4

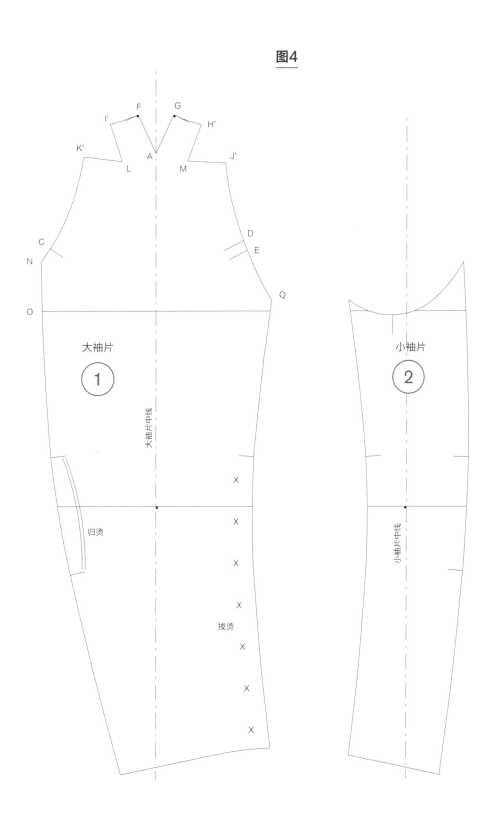

图4

这款袖子的最终样板。